TERRARIUM

TERRARIUM

玻璃瓶中的植物星球

以苔蘚・空氣鳳梨・多肉・觀葉植物
打造微景觀生態花園

What is Terrarium?

何謂微景觀生態瓶?

微景觀生態瓶，是將喜愛的植物或素材放入玻璃瓶等透明容器中，創作成室內景觀的一種綠化設計。

正因為微景觀生態瓶是任何人皆可在室內輕鬆玩賞的迷你庭園，使得近年來人氣爆增。容器內布置的植物可選擇初學者也容易照顧的空氣鳳梨、青苔、多肉植物、仙人掌等，種類多樣豐富。搭配的素材可以利用天然的漂流木、石頭、貝殼等來組合，發揮創意打造出多采多姿的作品。完成的作品無論裝飾於室內，還是當作禮物送人都令人感到欣喜。請參考本書刊載的示範作品，進而創作出屬於個人的生態瓶吧！

Shop comment 01

Buriki no Zyoro

ブリキのジョーロ

work **001-014**

「玻璃中的世界感」

在有限的狹小空間中，究竟能描繪出哪些記憶中難忘的風景呢？
利用乾燥花、永生花與素材的組合，
又該如何創造出理想的生活風物誌呢？
想像一個屬於自己的世界，融入創作中塑造一個微景觀生態瓶。
多肉植物、空氣鳳梨、青苔等，這些植物的生長都比較緩慢，
在標榜不需太費心照顧的特色下，早已成為備受矚目的焦點。
能夠成為展現空間特色的風格裝飾，
也是促使微景觀生態瓶人氣不減的要因之一。
我在著手創作作品時，首先會決定使用容器的款式，
而後才決定要利用哪些植物打造微景觀生態瓶。
尋找容器的時刻總是令人充滿期待，
一旦決定時，就可以大致看出創作成品的雛形了。
除了微景觀生態瓶的專用容器之外，亦可使用餐廚用的密封罐，
或身邊隨手可得的玻璃瓶，請放入自己喜歡的植物創作看看。
隔著透明玻璃，植物們的姿態或許會以不同的方式呈現。
利用流木、岩石、乾燥花等各種不同的素材，
創作出洋溢自然風情的微景觀生態瓶作品。
若能因此為植物營造一個舒適的生長環境，
並且盡情享受微景觀生態瓶帶來的生活樂趣，
將是我的榮幸。

Shop Information

東京都目黑區自由之丘 3-6-15
10：00-19：00（全年無休）
HP　http://www.buriki.jp/

Shop comment 02

TOKYO FANTASTIC OMOTESANDO

トーキョーファンタスティック表参道

work **013-026**

以「盡興體驗日本！」作為宣傳概念的
TOKYO FANTASTIC OMOTESANDO。
Tida Flower店內不止陳列了日本各地蒐羅而來手工藝品，
並且提供各式花與綠意的商品。
無論是只有在這裡才看得到的獨創作品，
還是講究的組合植栽創作逸品，
日日持續，製作著貼近生活的新作品。
彷彿孩提時代每天在原野奔跑、採花，
將大自然的美麗花草原封不動搬回家的感覺。
這也正是本次企劃活動的原點。
不斷構思的創意雛形，
來自於自然界中千變萬化的雜木林、森林等。
將山野景色凝縮於玻璃瓶內觀賞，
亦能將微景觀生態瓶的世界觀融入室內設計。
店裡有著將乾燥花放入玻璃藥罐，
製作成一個個充滿美麗花朵的花罐商品。
請一邊想像著，每天光是觀賞就令人雀躍的世界，
盡情享受創作專屬於自己，獨一無二的微景觀生態瓶。

Shop Information

東京都港區南青山3-16-6
12：00-19：00（週三公休）
HP　http://blog.tokyofantastic.jp/

Shop comment 03

GREEN BUCKER

グリーンバッカー

work 027-039

最近，能夠輕鬆享受綠化生活空間的

微景觀生態瓶人氣急遽上升。

因此店裡陳列的微景觀生態瓶也增加了，

雖然市售的微景觀生態瓶都十分精美，

但是若能匯集個人喜愛的材料，照著自己的構思

在小小的玻璃瓶空間中組合完成，

或許這才是最能充分體驗生態瓶樂趣的方法！

造景雖然會依不同植物呈現不同的印象，

但也可以利用外出遊玩時拾獲的樹木果實、貝殼，

零碎的布塊與皮革片，或生鏽的零件、釘子等，

放入可愛的玻璃瓶中，

一件作品就輕鬆呈現在眼前了。

這次有很多利用空氣鳳梨和乾燥花組合的微景觀生態瓶登場，

與向來綠色為主的成品不同，顯得色彩繽紛。

而空氣鳳梨的栽培其實相當簡單，

請務必親自挑戰看看。

Shop Information

HP https://www.greenbucker.com/
Facebook https://ja-jp.facebook.com/green.bucker/

Shop comment 04

PIANTA×STANZA

ピアンタスタンツァ

work **010-051**

微景觀生態瓶是在玻璃容器中玩賞各種植物的組合，
也有人會加入迷你模型作為擺飾，
讓觀賞者天馬行空編織一段屬於自己的故事。
將一些小東西擺在一起裝飾，或層疊，或吊掛，
不勝枚舉的創作方式當然各有其樂趣，
能夠透過多方角度觀賞景色和植物面貌的不同，
也是玩賞微景觀生態瓶的一大樂趣。
無論是從上方俯瞰，或從側面觀賞，
想必都跟玩賞盆植作品的感覺不同。
同樣作為房間內觀賞的植物，微景觀生態瓶卻
更貼近室內擺飾，當然，它仍是活生生的植物。
平日別忘了好好照護，而且只要配合植物特性，
選擇一個適合的生長環境放置，其實也不會花太多時間。
如同窺看世界一景，請盡情發揮想像力，
加入「獨家特色」打造屬於自己的迷你模型庭園！
倘若能夠透過這次介紹的微景觀生態瓶作品，
開始使用常見的玻璃器皿，讓植物融入生活中，
就是給予我們最大的鼓勵與支持了。

Shop Information

東京都中央區新川 1-9-3
リグナテラス東京1F
11：00-20：00（週四公休）
HP　http://pianta-stanza.jp/

TERRARIUM BOOK

Contents

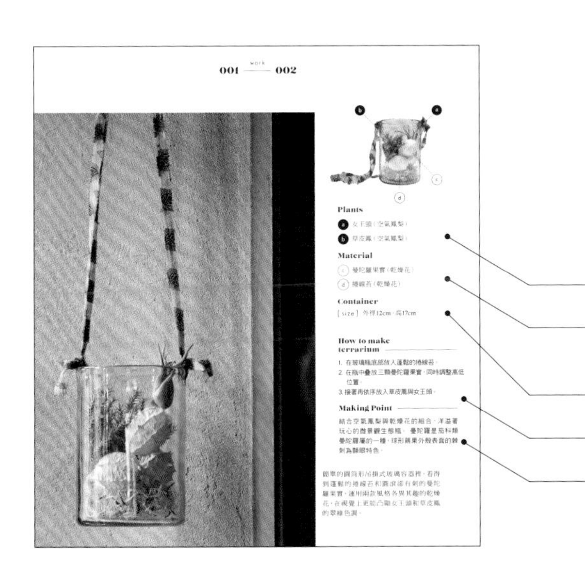

001 — 002

Plants

Material

Container

How to make terrarium

Making Point

本書使用方法

P.08～59作品介紹頁的解說對照

Plants ………… 作品使用植物
Material ………… 作品使用植物之外的材料
Container ………… 容器
How to make Terrarium …… 作品作法
Making Point,Care Point …… 製作作品或後續照顧的重點

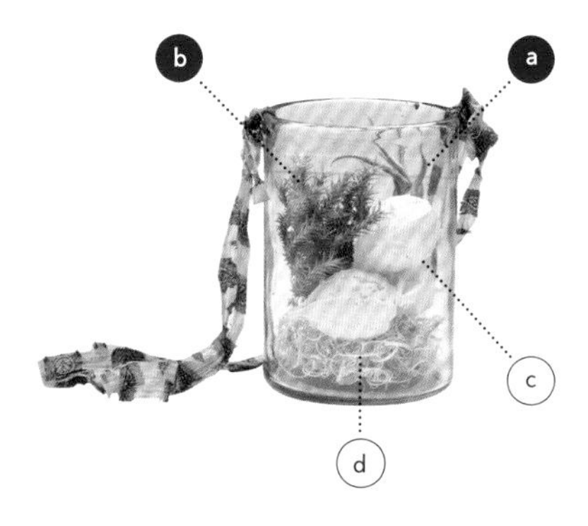

Plants

- a 女王頭（空氣鳳梨）
- b 草皮鳳（空氣鳳梨）

Material

- c 曼陀羅果實（乾燥花）
- d 捲線苔（乾燥花）

Container

[size] 外徑12cm・高17cm

How to make terrarium

1. 在玻璃瓶底部放入蓬鬆的捲線苔。
2. 在瓶中疊放三顆曼陀羅果實，同時調整高低位置。
3. 接著再依序放入草皮鳳與女王頭。

Making Point

結合空氣鳳梨與乾燥花的組合，洋溢著玩心的微景觀生態瓶。 曼陀羅是茄科類曼陀羅屬的一種，球形蒴果外殼表面的棘刺為顯眼特色。

簡單的圓筒形吊掛式玻璃容器裡，看得到蓬鬆的捲線苔和圓滾卻有刺的曼陀羅果實。運用兩款風格各異其趣的乾燥花，在視覺上更能凸顯女王頭和草皮鳳的翠綠色調。

Buriki no Zyoro

玻璃密封罐中的組合植栽，由五種苔蘚植物與一種蕨類交織而成。為了展現植物優雅的身形，必須利用石塊和細枝來調和空間。大量使用杉樹皮及樹皮碎片，能夠讓整體看起來更錯落有致。

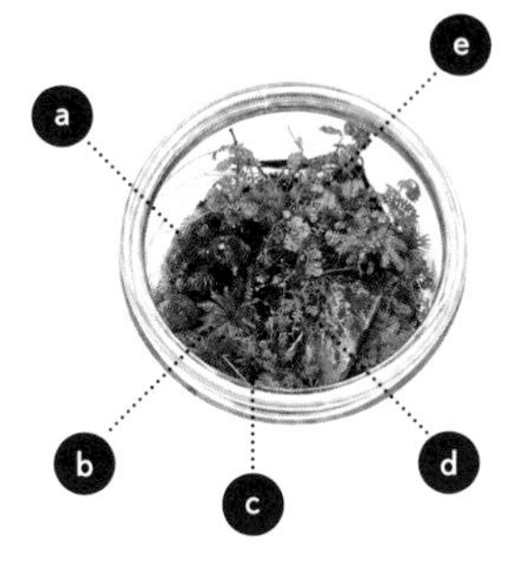

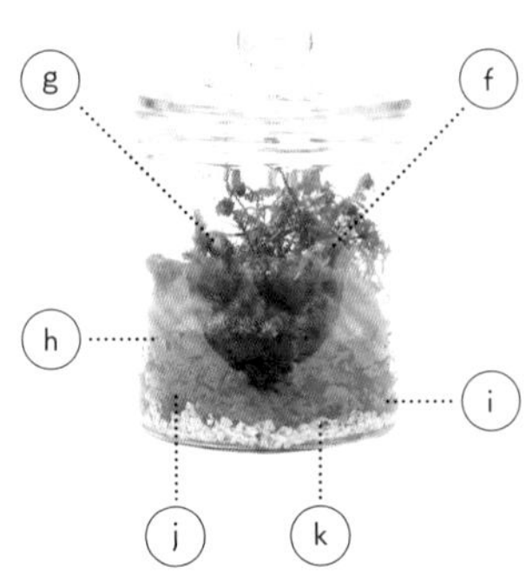

Plants

- a 南亞白髮蘚（苔蘚）
- b 大傘苔（苔蘚）
- c 刺邊小金髮蘚（苔蘚）
- d 砂蘚（苔蘚）
- e 疏葉卷柏（蕨類）

Container

[size] 外徑14cm・高20cm

Material

- f 石
- g 樹枝
- h 水草育成用土
- i 杉樹皮
- j 樹皮碎片
- k 根腐防止劑

How to make terrarium

1. 放入根腐防止劑，直到鋪滿整個玻璃罐底部。
2. 沿著容器底部和側面填入樹皮碎片與杉樹皮。
3. 在中央放入水草育成用土。
4. 視整體協調放上石塊與樹枝。
5. 植入疏葉卷柏，再依序鋪上刺邊小金髮蘚、大傘苔、砂蘚，南亞白髮蘚等苔蘚類植物。

Care Point

在狹小的容器內植入了許多不同種類的植物，日後隨著生長會越來越繁茂，為了瓶內的美觀著想，必須進行適度的修剪。

無論任何植物都能呈現獨有個性的木框玻璃箱。簡樸百搭，而且不挑場所。在兩件大小不同、風格相似的玻璃容器內，微微露出土面的多肉植物與仙人掌顯得可愛迷人。

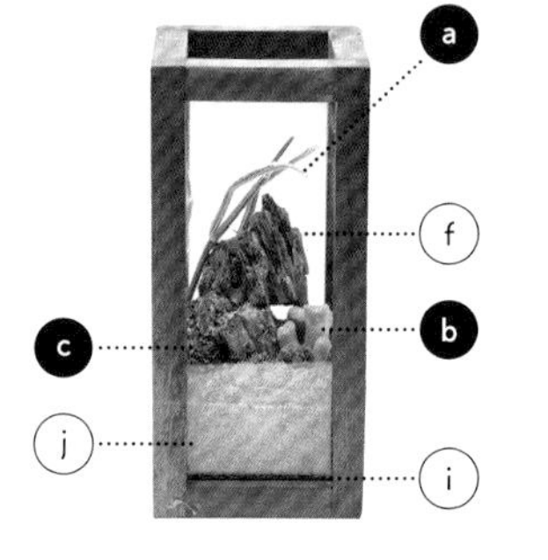

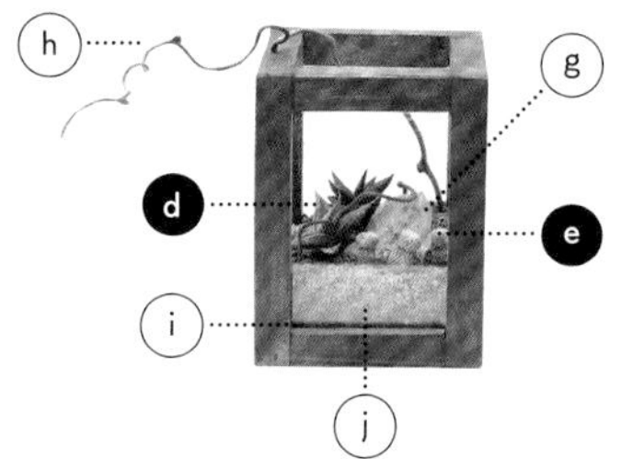

Plants

- ⓐ 葫蘆科棉花棒（多肉植物）
- ⓑ 生石花屬（多肉植物／品種不明）
- ⓒ 長生草屬（多肉植物／品種不明）
- ⓓ Sansevieria humbertiana（多肉植物）
- ⓔ 白斜子（仙人掌）

Material

- ⓕ 石（黃虎石）
- ⓖ 石
- ⓗ 奇異果藤
- ⓘ 根腐防止劑
- ⓙ 多肉專用土

Container

[size]

Tall　寬13cm・深13cm・高26cm

Small　寬13cm・深13cm・高16cm

How to make terrarium

→ P.67

Care Point

置於沒有直射陽光的地方，約兩週澆一次水即可。澆水時要注意避免澆到葉片，直接往根部注水即可。

Buriki no Zyoro

實驗室代表性物品之一——細頸燒瓶，作為生態瓶的容器也很時尚。色澤鮮綠的大傘苔，乍看之下感覺很平凡，但是正如其名展開大傘狀的姿態時，令人驚豔。可置於寢室或書房等較靜謐的空間，細細品味。

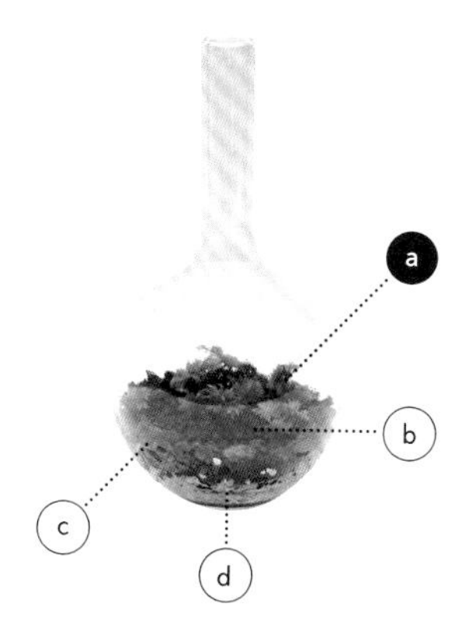

Plants

(a) 大傘苔（苔蘚）

Material

(b) 水草育成用土

(c) 樹皮碎片

(d) 根腐防止劑

Container

[size] 外徑13cm・高18cm

How to make terrarium

1. 放入根腐防止劑，直到鋪滿整個玻璃罐底部。
2. 鋪上高度約1cm的樹皮碎片。
3. 加入水草育成用土時，盡量置於中心。
4. 以鑷子夾取大傘苔，植入樹皮碎片中。

Making Point

要將大傘苔的根系確實地埋入樹皮碎片中。

work
005 —— 006

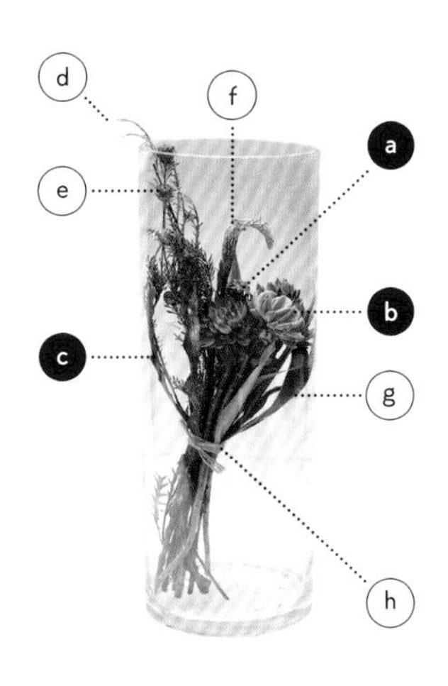

Plants

a 女雛（多肉植物）＋
不死鳥的莖（多肉植物）

b 特玉蓮（多肉植物）＋
不死鳥的莖（多肉植物）

※利用景天科伽藍菜屬（多肉植物）的不死鳥作為接枝的砧木，增加植物高度。

c 孔雀仙人掌（仙人掌）

Material

d 銀樺アイバンホー（乾燥花）

e 銀葉樹（乾燥花）

f 瓶子草（乾燥花）

g 銀樺バイレアナ（乾燥花）

h 麻繩

Container

[size] 外徑15cm‧高40cm

將乾燥花與多肉植物綁成花束，只是放入玻璃瓶中就能呈現典雅風情。多肉植物的質感和自然系乾燥花是絕佳組合，請享受大膽組合二者的樂趣。適切地調整花材長度，表現出高低起伏的輪廓是其重點。

How to make terrarium

1. 將接枝後的多肉植物、仙人掌與乾燥花綁成一束。
2. 以麻繩綁緊花材，插入花器中。

Care Point

約兩週加一次水，只要浸到花莖即可。

Making Point

進行接枝作業時，須注意同科植物的屬性是否相合（不死鳥、女雛、特玉蓮都同為景天科）。由於不死鳥的莖容易徒長，等枝節長到適切的程度後，清除多餘葉片即可作為接枝用的砧木。接枝時斜剪不死鳥的莖，加大斷面，貼合進行接枝的植物後，以繩子固定接枝處。接枝必須配合植物的生長期進行。

Buriki no Zyoro

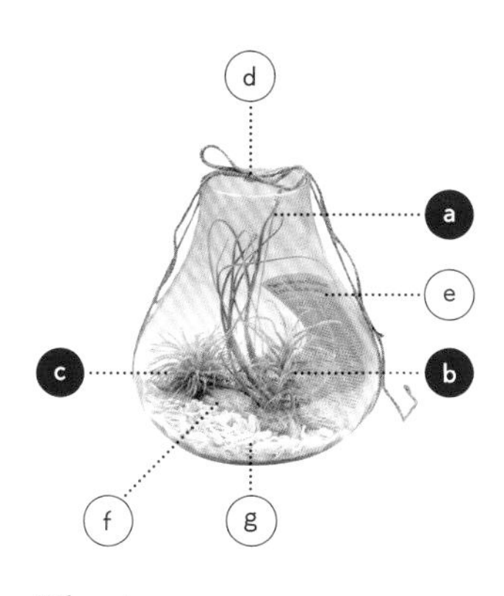

Plants

- ⓐ 貝利藝變異種Halley's Comet（空氣鳳梨）
- ⓑ 粗糠大型種major（空氣鳳梨）
- ⓒ 雞毛撢子（空氣鳳梨）

Material

- ⓓ 麻繩
- ⓔ 英文報紙（剪報即可）
- ⓕ 珊瑚
- ⓖ 木屑（白色）

Container

[size] 外徑24cm・高26cm

How to make terrarium

1. 在玻璃瓶底鋪滿木屑。
2. 放入珊瑚。
3. 依序放入貝利藝、粗糠和雞毛撢子等空鳳植物。
4. 在適當的位置放入英文剪報。
5. 在玻璃瓶綁上麻繩。

Care Point

瓶口狹小但瓶底寬廣的容器，基於構造的原因，必須避免置於直射陽光處，否則瓶內溫度會驟然飆升，恐怕會影響植物的生長。

造型渾圓的玻璃花瓶中，葉形細長的空氣鳳梨貝利藝變異種Halley's Comet顯得格外引人注目。適當配置空氣鳳梨的高低層次，讓整體看起來更生意盎然。多花一點心思加入的麻繩和英文剪報，也讓作品的裝飾性躍升一級。

無論是懸掛在窗邊或置於書櫃上……小小的微景觀生態瓶都可以讓室內空間顯得更繽紛。將刺邊小金髮蘚順著玻璃容器的側面種植，展現出起伏有致的身姿，會更加凸顯作品的凜然氛圍。

How to make terrarium

1. 放入根腐防止劑，直到鋪滿玻璃罐底部。
2. 放上少量的馴鹿苔。
3. 加入約1cm高的樹皮碎片。
4. 填入約3cm高的水草育成用土。
5. 依序鋪上刺邊小金髮蘚、南亞白髮蘚。
6. 蓋上瓶蓋，綁好懸掛用麻繩，長短可依個人喜好決定。

Making Point

使用口徑狹小的容器時，可以利用長鐵絲或鑷子輔助，進行種植作業。

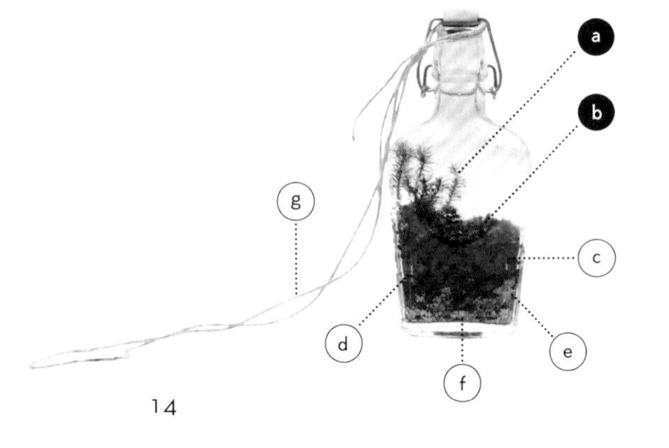

Plants

- (a) 刺邊小金髮蘚（苔蘚）
- (b) 南亞白髮蘚（苔蘚）

Material

- (c) 水草育成用土
- (d) 樹皮碎片
- (e) 馴鹿苔（乾燥花）
- (f) 根腐防止劑
- (g) 麻繩

Container

[size]
寬8cm・深3cm・高23cm

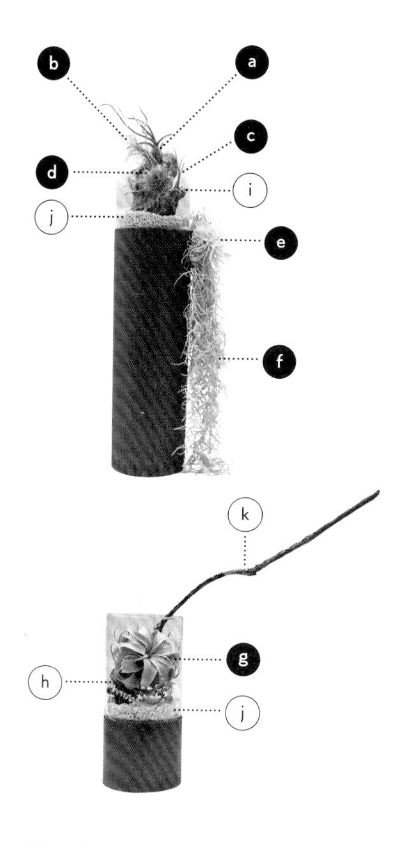

Plants

- a 小章魚（空氣鳳梨）
- b 小狐尾（空氣鳳梨）
- c 虎斑（空氣鳳梨）
- d 蘿莉（空氣鳳梨）
- e 雞毛撢子（空氣鳳梨）
- f 松蘿（空氣鳳梨）
- g 霸王鳳（空氣鳳梨）

Material

- h 班克木（乾燥花）
- i 石（黃虎石）
- j 珊瑚砂
- k 樹枝

Container

[size]

Tall 外徑15cm・高65cm

Small 外徑15cm・高32.5cm

How to make terrarium

→ P.65

Making Point

大膽使用天然素材時，很容易成為破壞整體造型的原因。因此先放好素材，再視空間大小挑選尺寸適中的空氣鳳梨植入。

帶有金屬質感，令人印象深刻的鐵製容器，加上大膽使用天然素材形成的構圖。一邊是粗獷石材搭配葉片細長的空氣鳳梨，另一邊長圓柱狀的班克木與厚實的葉片也意外地合適。垂懸至底部的松蘿，讓整個作品多了一份華麗感。

work

009 —— 010

在個性十足的多肉植物和仙人掌植栽中加入空氣鳳梨，是一個呈現豐富面貌的生態瓶。容器也選擇了較具動感的造型，更添玩賞的樂趣。略帶粉紅、粉紫色的仙人掌顯得可愛俏皮，讓作品整體洋溢著溫馨感的意趣。

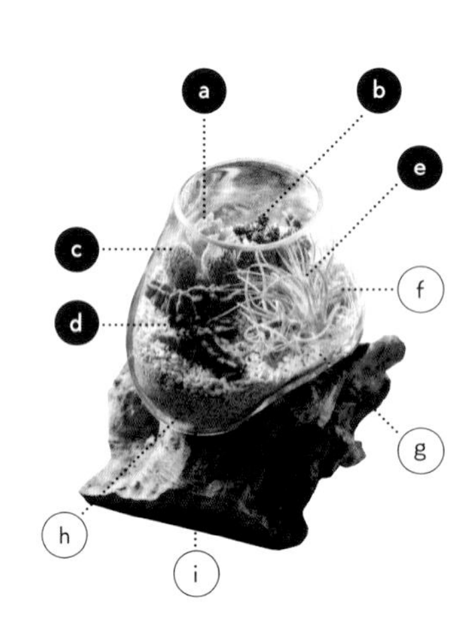

Plants

- (a) 青雲之舞（多肉植物）
- (b) 米粒麒麟（多肉植物）
- (c) 紫太陽（仙人掌）
- (d) 桃太郎（仙人掌）
- (e) 柯比（空氣鳳梨）

Material

- (f) 樹枝
- (g) 珊瑚砂
- (h) 化妝砂（阿根廷的河砂）
- (i) 根腐防止劑

Container

[size] 寬24cm·深18cm·高23cm

How to make terrarium

1. 在玻璃罐底部放上根腐防止劑。
2. 接著填入一層化妝砂。
3. 加入一些樹枝。
4. 依序將桃太郎、紫太陽、青雲之舞、米粒麒麟植入玻璃瓶中。
5. 利用柯比填補留白太多的空間。
6. 在植物周遭填入珊瑚砂，固定植株。

Care Point

空氣鳳梨澆水的時間與多肉植物＆仙人掌不同，澆水時必須先取出空氣鳳梨再進行。

Buriki no Zyoro

造型簡單加上麻繩的吊掛式玻璃生態瓶，極富動感的組合令人躍躍欲試。整體構圖的重點，在於以竹節仙人掌和流木表現出躍動感。宛如即將竄出瓶口的流木，呈現出神采奕奕的作品，十分適合裝飾於明亮的客廳中。

Plants

- a 竹節仙人掌（多肉植物）
- b 白閃冠（多肉植物）
- c 蛾角（多肉植物）

Material

- d 流木
- e 多肉專用土
- f 馴鹿苔（乾燥花）
- g 木屑（白色）
- h 根腐防止劑
- i 麻繩

Container

[size]
外徑10cm・高20cm

How to make terrarium

1. 在玻璃罐底部放上根腐防止劑。
2. 加入約1cm高的木屑。
3. 鋪上約1cm厚的馴鹿苔。
4. 依序植入白閃冠、蛾角與竹節仙人掌。
5. 以漏斗輔助填入多肉用土，並且整平表面。
6. 放入流木。
7. 在瓶口纏繞麻繩，預留吊掛的長度後，打結綁緊。

Making Point

由於已經種下植物才放進流木，因此請挑選尺寸與造形皆適合的素材，以確保足夠的空間造景。

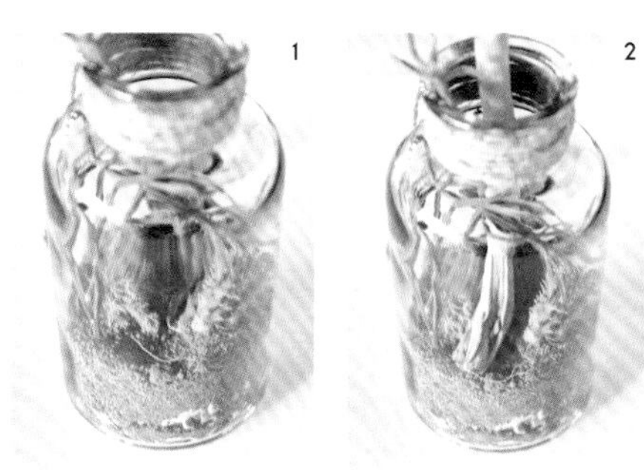

在原木框的玻璃箱中放入粗獷的樹枝，展現存在感十足的微景觀生態作品。主角是讓人聯想到希臘神話梅杜莎，並因此而得名的女王頭。躍動感十足的綠葉和樹枝競相伸展，形成野趣十足的畫面。

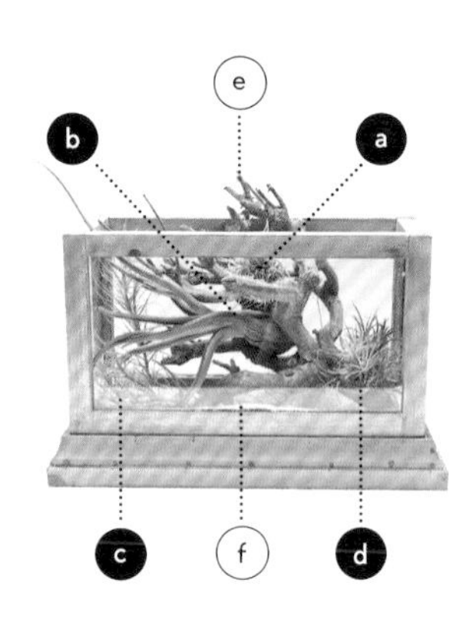

Plants

- ⓐ 楚斯岡（空氣鳳梨）
- ⓑ 女王頭（空氣鳳梨）
- ⓒ 香花木（空氣鳳梨）
- ⓓ 福果小精靈（空氣鳳梨）

Container

[size] 寬41cm・深21cm・高25cm

Material

- ⓔ 樹枝
- ⓕ 化妝砂（阿根廷的河砂）

How to make terrarium

1. 在容器底部填入化妝砂，不用抹平，讓表面呈現凹凸不平的自然狀態即可。
2. 放入局部剪斷的樹枝。
3. 依序植入女王頭、香花木、福果小精靈、楚斯岡。

Making Point

先放入樹枝，而後再視整體平衡，將空氣鳳梨放入空隙之間或枝杈處。

Buriki no Zyoro

運用外形&印象截然不同的五種苔蘚和蕨類，完成洋溢強韌生命力的微景觀生態瓶。加入長有青苔的樹枝和石塊的空間，彷彿帶回了森林一角的縮影。若喜愛觀察或養護青苔，不妨將生態瓶置於客廳窗台或個人獨處的空間裡。

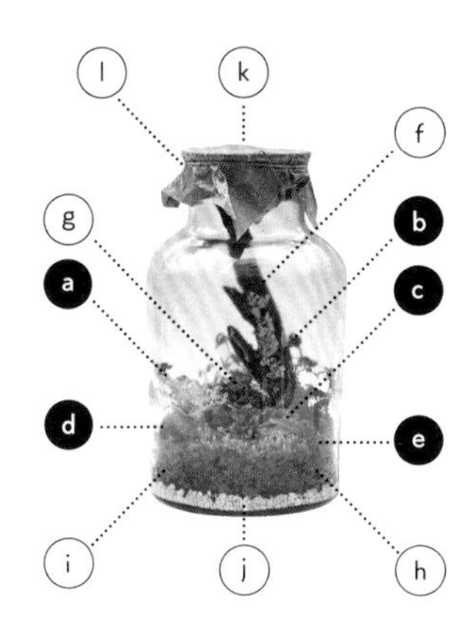

Plants

- a 膜葉卷柏（蕨類）
- b 疏葉卷柏（蕨類）
- c 鳳尾蘚（苔蘚）
- d 南亞白髮蘚（苔蘚）
- e 砂蘚（苔蘚）

Material

- f 長青苔的樹枝
- g 石
- h 水草育成用土
- i 樹皮碎片
- j 根腐防止劑
- k 蠟紙
- l 麻繩

Container

[size] 外徑16cm・高31cm

How to make terrarium

→ P.66

Care Point

利用蠟紙封住瓶口，能夠更有效的維持瓶內濕度。青苔或蕨類的葉片枯萎時，以剪刀修剪掉即可，之後會再長出新葉。

work
013 —— 014

適合置於客廳及玄關等較醒目的位置，屬於居家型的微景觀生態作品。若能依植物的綠意深淺與葉形完善規劃，打造出充分展現青苔和蕨類個性的景致，就能創作出不辜負寬廣空間的幻想國度。請大膽使用樹枝和石頭打造生態瓶的景觀吧！

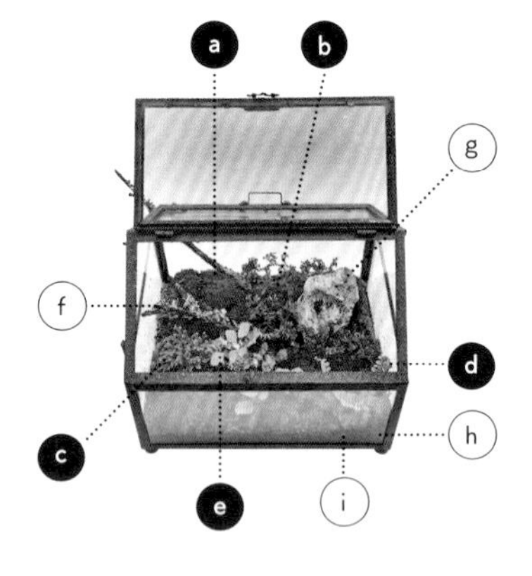

How to make terrarium

1. 視整體空間配置珊瑚石。
2. 在玻璃容器底部鋪上根腐防止劑。
3. 接著再填入約5cm高的樹皮碎片。
4. 斟酌情形在適當的位置放入長有青苔的樹枝。
5. 依序鋪上疏葉卷柏、腎蕨、蓬萊羊齒、膜葉卷柏、南亞白髮蘚。

Plants

- a 南亞白髮蘚（苔蘚）
- b 疏葉卷柏（蕨類）
- c 膜葉卷柏（蕨類）
- d 腎蕨（蕨類）
- e 蓬萊羊齒（蕨類）

Material

- f 長青苔的樹枝
- g 珊瑚石
- h 樹皮碎片
- i 根腐防止劑

Container

[size]

寬38cm・深32cm・高32cm

Making Point

使用大型玻璃容器創作的要點，就是天然素材的使用方式。為了描繪景色之美，必須巧妙地配置石頭或樹枝，接著在周邊用心植入植物。葉片的形狀與色澤也要一併列入考量。

Buriki no Zyoro

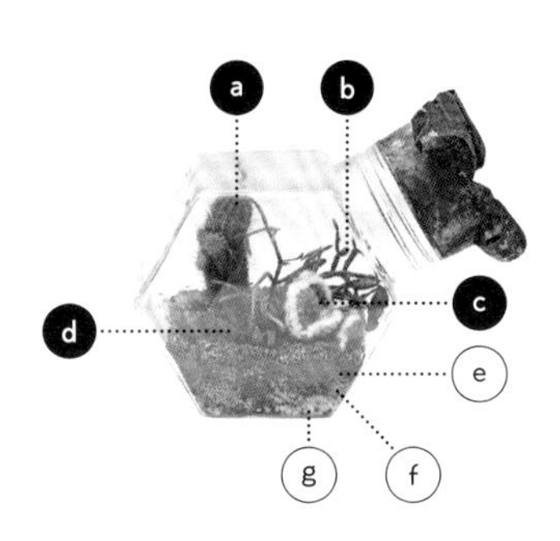

Plants

- a 花勢龍（仙人掌）
- b 巴車利絲葦（仙人掌）
- c 姬將軍　出錦綴化（仙人掌）
- d 黑騎士（多肉植物）

Material

- e 多肉專用土
- f 馴鹿苔（乾燥花）
- g 根腐防止劑

Container

[size] 寬23cm・深12cm・高18cm

How to make terrarium

1. 在玻璃容器底部鋪滿根腐防止劑。
2. 鋪上馴鹿苔。
3. 依序植入花勢龍、姬將軍 出錦綴化、巴車利絲葦與黑騎士，視整體平衡配置。
4. 在植物周遭填入多肉用土，固定植株。

Care Point

盡量避免直射陽光，注意瓶內悶熱的問題。
澆水後需打開蓋子，以利通風。

仙人掌和多肉植物與復古風格的容器是絕配，只要充分利用植物間彼此不同的形狀製作組合植栽，就能完成略帶野生風情的生態瓶。管理上也很方便，可隨意置於房間內的任何地方。

宛如綜合和菓子點心盤一般，相當有趣的仙人掌組合植栽。在方形容器內植入形形色色不同的仙人掌，營造出熱鬧生動的整體印象。留白處放入色調完全不同的天然石，讓形與色交織出輕快活潑的節奏。

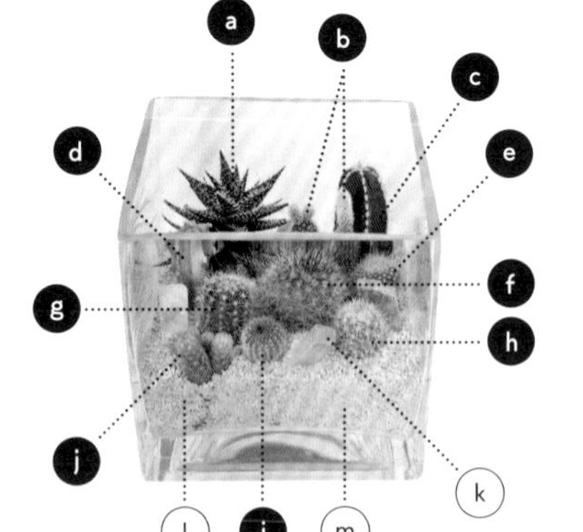

Plants

- ⓐ 蘆薈交配種Dentiti（多肉植物）
- ⓑ 白桃扇（仙人掌）
- ⓒ 白雲閣（仙人掌）
- ⓓ 龍神木（仙人掌）
- ⓔ 黃雪晃（仙人掌）
- ⓕ 錦丸（仙人掌）
- ⓖ 大棱柱屬（仙人掌／品種不明）
- ⓗ Fukuripi Pishiana（仙人掌／品種不明）
- ⓘ 金晃丸（仙人掌）
- ⓙ 金手毬（仙人掌）

Material

- ⓚ 天然石（水晶、紫水晶、螢石、方解石）
- ⓛ 沸石
- ⓜ 石（小粒／白色）

Container

[size] 寬12cm・深12cm・高12cm

How to make terrarium

1. 將白色小石放入玻璃容器底部。
2. 先從較大株的仙人掌和多肉植物開始配置。
3. 在植株間隙插上天然石。
4. 以漏斗輔助，緩緩填入沸石固定。

Making Point

由於植入仙人掌的數量較多，填入沸石之際須小心避免植株傾倒。

shop

TOKYO FANTASTIC OMOTESANDO

頂著紅色和黃色圓頭的緋牡丹，加上繪有圓點或條紋的玻璃容器，整體感覺俏皮可愛的八面體懸掛式微景觀生態瓶。宛如藝術品的緋牡丹，素有「蠟燭仙人掌」之稱，適合擺飾於廚房或客廳。

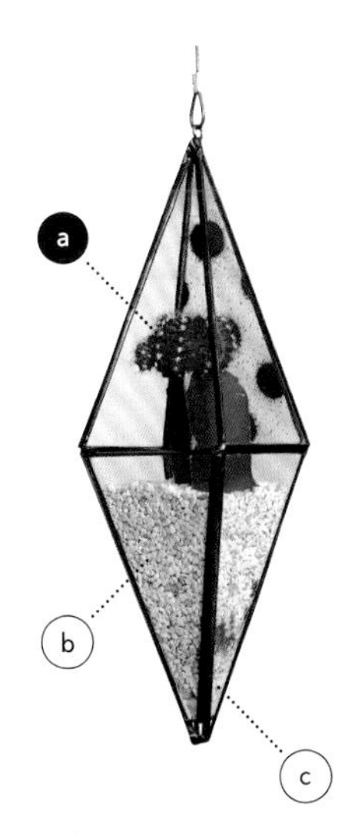

Plants

ⓐ 緋牡丹（仙人掌）

Material

ⓑ 沸石

ⓒ 石（中粒／白色）

Container

[size] 寬8cm・高29cm

How to make terrarium

1. 將小碎石放入玻璃容器底部。
2. 植入緋牡丹。
3. 以漏斗輔助，在植物周圍緩緩填入沸石固定。

Making Point

作業時可將玻璃容器懸掛起來，或放在較穩重的花盆中。

work 017 —— 018

如同漂浮在空中的肥皂泡般，洋溢童趣的懸掛式的微景觀生態瓶。刻意讓垂懸的綠之鈴露出玻璃容器外，展現夏日的沁涼感。夏天可放一些貝殼，秋天可放一些樹木果實，依季節而定創作出不同的風情。

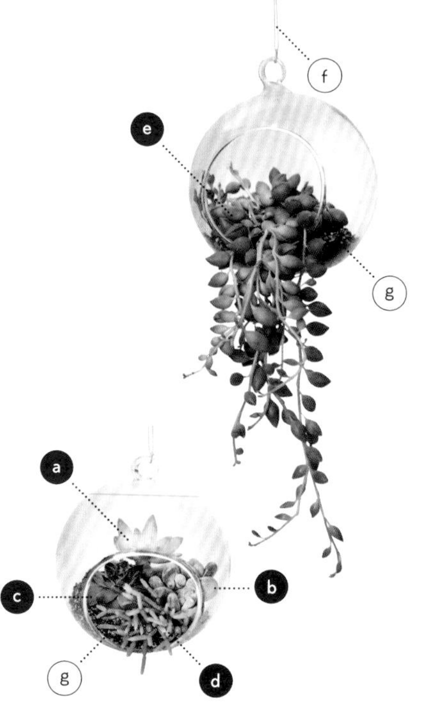

Plants

- ⓐ 銘月（多肉植物）
- ⓑ 星美人（多肉植物）
- ⓒ 長生草（多肉植物）
- ⓓ 絲葦（仙人掌）
- ⓔ 綠之鈴（多肉植物）

Material

- ⓕ 皮繩
- ⓖ 多肉專用土NELSOL

Container

[size] 外徑10cm

How to make terrarium

1. 先將多肉專用土加水揉成團狀備用。
2. 將團狀的多肉專用土放入容器中，以手壓平。
3. 植入多肉植物和仙人掌。
4. 將多肉專用土揉成小丸子狀，填塞於植物周邊。
5. 在玻璃容器上方繫好皮繩，預留適當的吊掛長度。

兩個並排的多角造型容器，打造出獨特韻律感的微景觀生態瓶。以前方較矮的植株搭配後方的高大素材或植物，打造出自然生動的前傾姿態。稍稍跳脫框架的前方植株，日後長得茂盛一點也無妨。

Plants

- ⓐ 仙人柱（仙人掌）
- ⓑ 貝吉（空氣鳳梨）
- ⓒ 絲葦（仙人掌）

Material

- ⓓ 流木
- ⓔ 沸石
- ⓕ 天然石（菊石）
- ⓖ 天然石（瑪瑙／切半）
- ⓗ 天然石（水晶）

Container

[size] L　寬21.5cm・高24cm
S　寬15cm・高20cm

How to make terrarium

L：
1. 植入仙人柱仙人掌。
2. 緩緩倒入沸石。
3. 配置空鳳貝吉和流木。

S：
1. 將沸石倒入玻璃容器中。
2. 植入絲葦，並放上一些天然石。

Making Point

避免倒入太多沸石，也要注意別撒到容器外。

大小不同的高床式玻璃容器中，分別植入沁涼感十足的鈕扣藤與苔蘚，藉由套組方式展現夏季的川邊景色。彷彿鐵絲的纖細蔓藤上，長滿了可愛小葉片的茂盛鈕扣藤，恣意伸展的蔓藤更添幾許華麗氛圍，讓整個空間感覺更明亮。

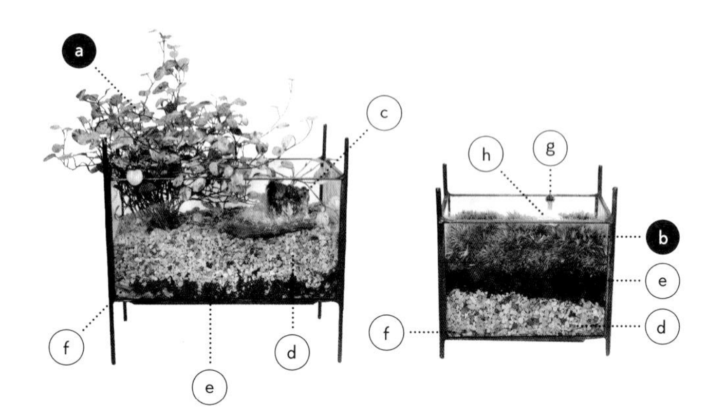

Plants

ⓐ 鈕扣藤（觀葉植物）　ⓑ 南亞白髮蘚（苔蘚）

Material

ⓒ 天然石（紫水晶）
ⓓ 沸石
ⓔ 觀葉植物用土
ⓕ 石（中粒／灰色）
ⓖ 迷你模型（人物）
ⓗ 石（中粒／白色）

Container

[size]
L
寬15cm・深7.5cm・高15cm
S
寬10cm・深5.5cm・高10cm

How to make terrarium

L：
1. 將小碎石放入玻璃容器底部。
2. 植入鈕扣藤，填入觀葉植物用土。
3. 輕輕倒入沸石。
4. 放上天然石裝飾。

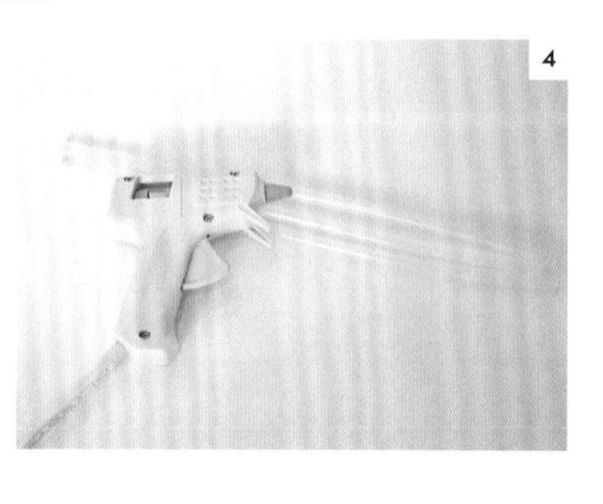

4

S：
1. 將小碎石放入玻璃容器底部。
2. 輕輕倒入沸石。
3. 鋪上南亞白髮蘚。
4. 放入事先以熱融膠（普通強力膠亦可）黏上迷你模型的石頭，作出情景。

shop

TOKYO FANTASTIC OMOTESANDO

宛如鮮嫩清爽蔬菜沙拉的多肉組合。將直立型的白姬之舞和白厚葉弁慶陪襯於後方，以外型華麗的Prelinze作為主角，再搭配垂懸的綠之鈴點綴前方留白處，整體搭配起來輕鬆自如。

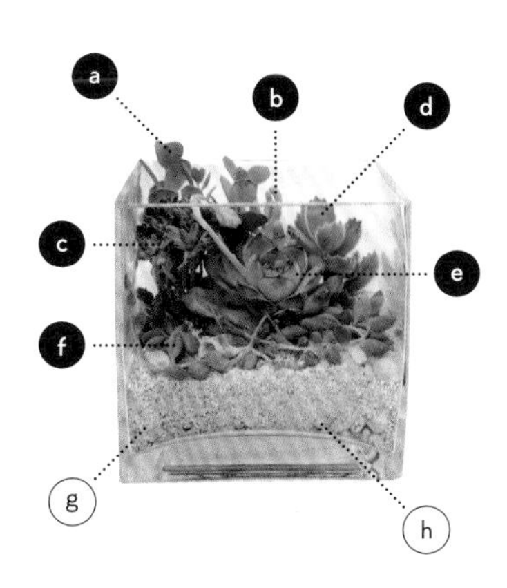

Plants

- a 白姬之舞（多肉植物）
- b 白厚葉弁慶（多肉植物）
- c 小人之祭（多肉植物）
- d 熊童子（多肉植物）
- e 擬石蓮花交配種Prelinze（多肉植物）
- f 綠之鈴（多肉植物）

Material

- g 沸石
- h 石（小粒／白色）

Container

[size] 寬12cm・深12cm・高12cm

How to make terrarium

1. 將小碎石放入玻璃容器底部。
2. 植入多肉植物。
3. 緩緩倒入沸石。

work

021 —— 022

利用附有照明燈光的梅森罐，增添觀賞樂趣的仙人掌生態瓶。類似這種玻璃瓶與梅森罐等，主要是從側面觀賞的情況，設計時要著重於選擇高低落差的仙人掌來營造景觀。在閒置的空間添加一些天然石，不但便於調整平衡，也更有質感。

Plants

- a 白雲閣（仙人掌）
- b 金洋丸（仙人掌）
- c 緋牡丹（仙人掌）

Material

- d 天然石（螢石）
- e 沸石
- f 石（中粒／白色）
- g 珊瑚
- h 永生青苔（乾燥花）

Container

[size]

L 外徑9cm・高17cm　S 外徑7.5cm・高14cm

How to make terrarium

1. 在玻璃容器底部鋪上約1cm高的碎石。
2. 而後填入沸石至半瓶左右。
3. 從較矮小的仙人掌開始種植，並加入些許沸石固定植株。
4. 陸續加入天然石、珊瑚、永生青苔等裝飾。

Care Point

晚上點燈後，整體氣氛會更時尚。燈光下的仙人掌令人覺得特別溫馨，似乎一天下來的倦意都被療癒了。欣賞燈光效果以外的時段，請盡量打開瓶蓋以利通風。

圓鼓鼓的透明葉尖，彷彿發光的寶石般不可思議，以大人氣的玉露搭配虹之玉和雷姆尼亞水晶，展現出猶如璀璨珠寶盒的世界觀設計。請置於光線明亮且通風良好的場所，享受自然光下的光影效果。

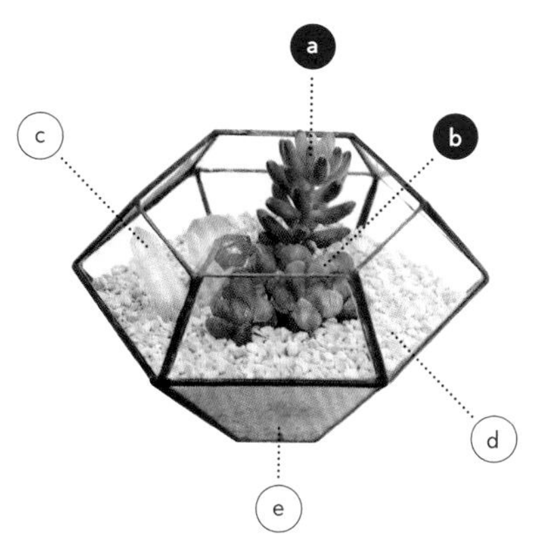

Plants

a 虹之玉（多肉植物）

b 玉露（多肉植物）

Material

c 天然石（雷姆尼亞晶柱）

d 沸石

e 石（小粒／白色）

Container

[size] 寬13cm・高8cm

How to make terrarium

1. 將小碎石放入玻璃容器底部。
2. 植入虹之玉和玉露，接著緩緩填入沸石。
3. 加上天然石。

Making Point

具有高度的多肉植物種在後方，會讓整體顯得更沉穩。此外，最好事先決定放置天然石的空間。

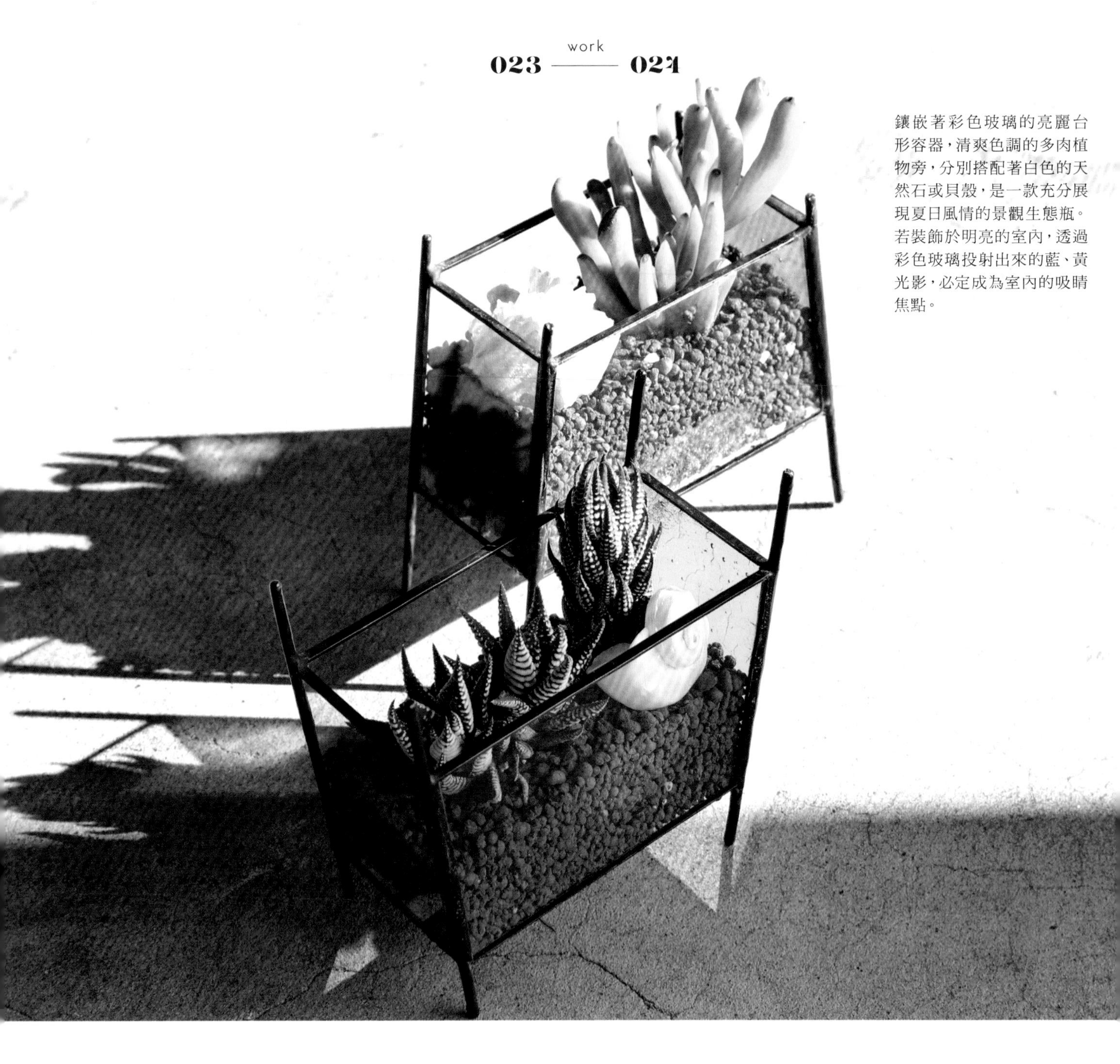

鑲嵌著彩色玻璃的亮麗台形容器，清爽色調的多肉植物旁，分別搭配著白色的天然石或貝殼，是一款充分展現夏日風情的景觀生態瓶。若裝飾於明亮的室內，透過彩色玻璃投射出來的藍、黃光影，必定成為室內的吸睛焦點。

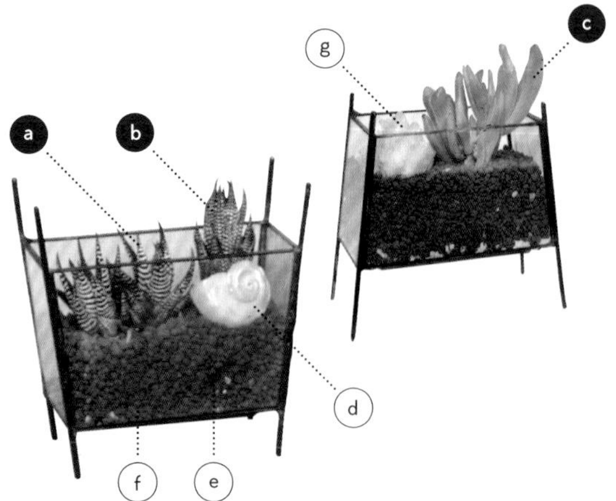

Plants

a 十二之卷（多肉植物）

b 鷹爪變型 品種 kaffirdriftensis（多肉植物）

c 筒葉花月（多肉植物）

Container

[size]
寬（最大）12cm
深5.5cm・高12cm

Material

d 貝殼

e 發泡煉石（小粒）

f 石（小粒）

g 天然石（石英）

How to make terrarium

1. 將小碎石放入玻璃容器底部。
2. 植入多肉植物，再緩緩倒入發泡煉石。
3. 最後放入天然石和貝殼裝飾。

以熱帶草原的樹蔭情景為發想，構成宛如庭園式盆景的微景觀生態瓶。使用加水搓揉後可以任意成形的多肉專用土，表現熱帶草原地帶水源區的景觀。在小人之祭下方配置迷你模型，將聚在綠洲處的動物身影一併收錄，作為畫面主角。

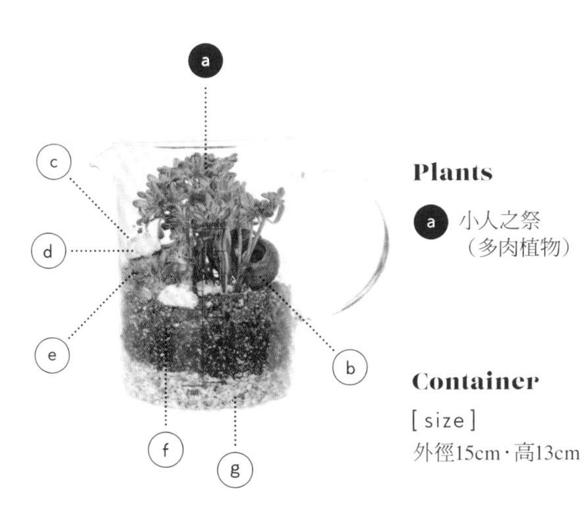

Plants

ⓐ 小人之祭（多肉植物）

Container

[size]
外徑15cm・高13cm

Material

ⓑ 尤加利果實（乾燥花）
ⓒ 迷你模型
ⓓ 石（中粒／白色）
ⓔ 永生青苔（乾燥花）
ⓕ 多肉專用土NELSOL
ⓖ 沸石

How to make terrarium

1. 多肉專用土加水搓揉。
2. 將沸石放入玻璃容器底部，再放上多肉專用土壓平。
3. 植入小人之祭。
4. 將多肉專用土揉搓成小丸子狀，一點一點放在植株周圍，最後放入尤加利果實。
5. 鋪上永生青苔，放入事先以強力膠黏上迷你模型的石頭，作出情景。

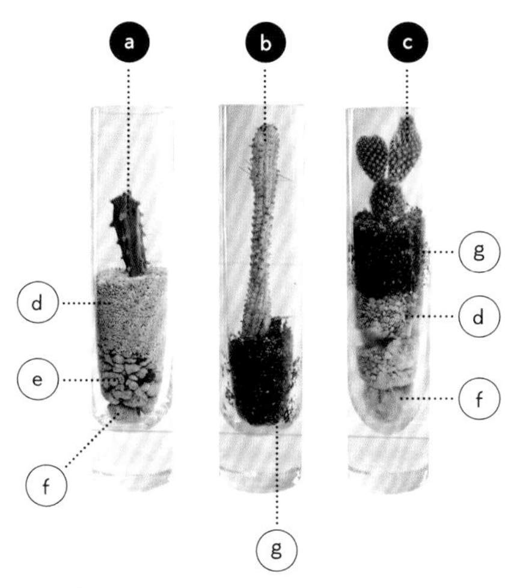

Plants

a 龍神木（仙人掌）

b 白樺麒麟（多肉植物）

c 白桃扇（仙人掌）

Material

d 沸石

e 砂礫（混合）

f 石（中粒／灰色）

g 多肉專用土NELSOL

Container

[size] 外徑4.5cm·高20cm

在細長容器內種植的微景觀生態花瓶。獨具仙人掌風情的龍神木，宛如扭動著向上伸展的白樺麒麟，以及酷似兔子一般可愛的白桃扇。並排陳列在窗邊或書櫃上，更能凸顯植栽間彼此不同的個性，亦是十分賞心悅目的室內擺飾。

How to make terrarium

1. 多肉專用土加水搓揉之後，分別包裹植株根系。
2. 在第一個長筒玻璃瓶內加入碎石、砂礫，接著植入龍神木，再將沸石以漏斗緩緩倒入龍神木的周圍。
3. 在第二個長筒玻璃瓶內植入白樺麒麟，再於周圍填入多肉專用土。
4. 在第三個長筒玻璃瓶依序加入碎石、沸石，而後植入白桃扇，再於周圍填入多肉專用土。

TOKYO FANTASTIC OMOTESANDO

外形別致酷似食蟲植物，又充滿異國情調的人氣花卉拖鞋蘭。為了配合拖鞋蘭花瓣上的黑點斑紋，特地植入帶有圓點設計的大型玻璃箱中。藉由獨特的花瓣形狀與充滿魅力的姿態，完成格外引人矚目的景觀生態。不妨擺飾在居家活動中心的客廳，作為極具現代感的裝飾。

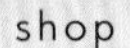

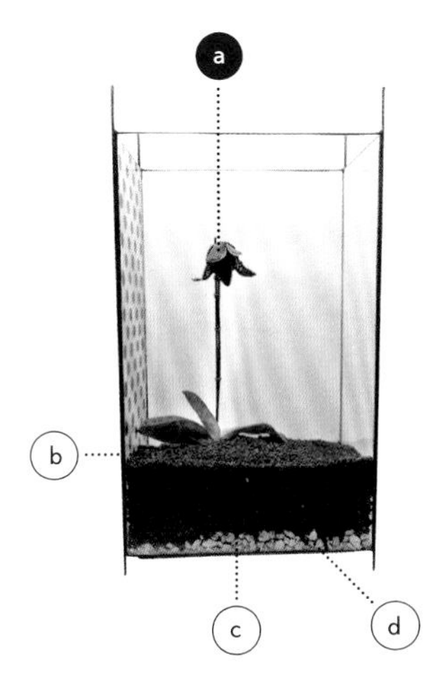

Plants

ⓐ 拖鞋蘭（蘭花）

Material

ⓑ 發泡煉石（小粒）

ⓒ 發泡煉石（大粒）

ⓓ 石（小粒／白色）

Container

[size]
寬25cm・深12cm・高46cm

How to make terrarium

1. 將小碎石放入玻璃容器底部。
2. 連同拖鞋蘭的塑膠盆一起放進玻璃容器中。
3. 先倒入大粒的發泡煉石，再填加小粒發泡煉石即完成。

Making Point

為了方便種植，拖鞋蘭連盆一起埋入即可。配合拖鞋蘭花瓣上的黑點斑紋，與玻璃容器上的大圓點相映成趣。

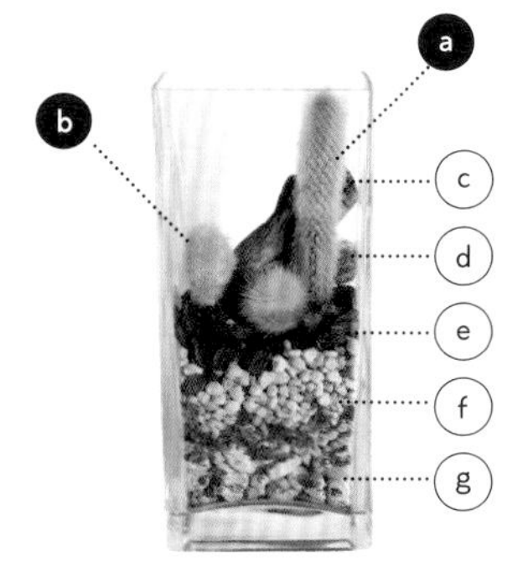

Plants

- a 白閃（仙人掌）
- b 白閃小町（仙人掌）

Material

- c 流木
- d 椰纖球
- e 樹皮碎片
- f 仙人掌用土（輕石、珍珠石，蛭石、木質堆肥等）
- g 輕石（1～1.5cm）

Container

[size]
寬10cm·深8cm·高21cm

How to make terrarium

1. 在玻璃容器底部鋪上輕石。
2. 植入仙人掌，放入流木，再填入仙人掌用土。
3. 將樹皮碎片撒在仙人掌周圍。
4. 放入搓揉成形的椰纖球。

Care Point

為了避免在種植仙人掌時刺到手，可以使用筷子或鑷子來進行作業，同時須注意植株高度的平衡。

使用植株較高的仙人掌創作時，容器高度勢必也會隨之加高。這時添加圓柱或圓球造型的仙人掌品種或流木，整體感覺會更加協調。而作為基底的素材，疊放至容器一半的高度，能夠展現出沉穩的安定氛圍。

GREEN BUCKER

除空氣鳳梨之外，使用相同素材統一風格的三瓶組景觀生態作品。即使素材一樣，只要改變空氣鳳梨的品種，整體印象就會截然不同，這點十分有趣。女王頭那罐可以打開瓶蓋，展現其獨特的身姿。

Plants

- a 小精靈（空氣鳳梨）
- b 女王頭（空氣鳳梨）
- c 貝可利（空氣鳳梨）

Material

- d 乾燥花（小銀菊等依個人喜好選擇即可）
- e 永生青苔（白色／乾燥花）
- f 樹木果實
  （美加落葉松等依個人喜好搭配即可）
- g 木片
- h 椰纖（棕色）

Container

[size] 外徑9cm・高14cm

How to make terrarium

1. 在玻璃容器底部放入木片。
2. 將椰纖搓揉成球狀後放入。
3. 加入樹木果實、乾燥花、永生青苔。
4. 分別植入小精靈、女王頭與貝可利。

work
029 —— 030

組合數種乾燥花與貝可利，呈現豐富有分量的微景觀生態瓶。想要使用多樣素材時，必須仔細考量作出高低起伏的落差，避免形成一樣高的窘況。前低而後逐漸增高，展現錯落優雅的景致。

Plants

ⓐ 貝可利（空氣鳳梨）

Material

ⓑ 永生青苔（乾燥花）

ⓒ 乾燥花（飛燕草、小銀菊、繡球花）

ⓓ 樹木果實（木芙蓉果或木荷果等依個人喜愛搭配）

ⓔ 木片

ⓕ 椰纖

Container

[size] 外徑9cm・高14cm

How to make terrarium

1. 在玻璃容器底部放上木片。
2. 將椰纖搓揉成球狀後放入。
3. 考量整體協調感一一放入樹木果實、永生青苔、乾燥花。
4. 植入空氣鳳梨貝可利。

光是在瓶口纏繞麻繩，就能將平凡的空瓶變得時尚有型。宛如要竄出瓶口的仙人掌，展現了強而有力的印象。正因為容器相當簡約，所以特別選擇視覺效果強烈的大型仙人掌。

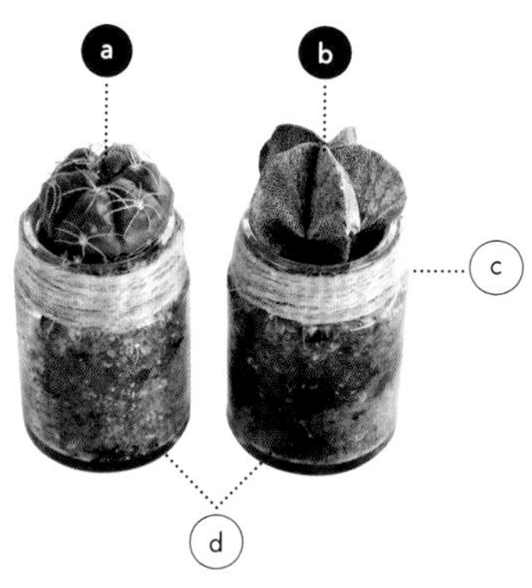

Plants

- a 海王丸（仙人掌）
- b 鸞鳳玉（仙人掌）

Material

- c 麻繩
- d 仙人掌用土
  （輕石、珍珠石、蛭石、木質堆肥等）

Container

[size] 外徑4.5cm・高6.5cm

How to make terrarium

1. 在玻璃瓶口纏繞麻繩。
2. 倒入約半瓶左右的仙人掌用土。
3. 植入仙人掌後，再從隙縫處倒入仙人掌用土填滿。

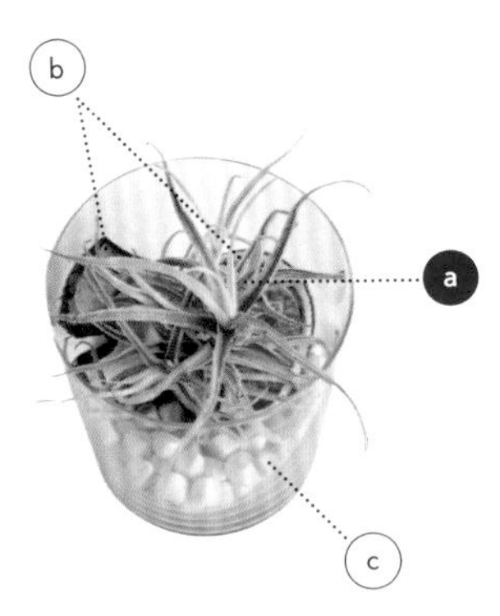

Plants

a 粗糠（空氣鳳梨）

Material

b 圓片果乾

c 檜木球

Container

[size] 外徑8cm・高9cm

How to make terrarium

1. 在玻璃杯底倒入一些檜木球。
2. 放入幾片圓片果乾
3. 植入空氣鳳梨粗糠。

平日愛用的玻璃杯，也能簡單打造成微景觀生態瓶！放入淺綠色的粗糠後，再點綴幾片色彩繽紛的圓片果乾，天然又亮眼。無論是花點心思結合麻繩編織懸掛於牆壁上，或將作品放置於餐桌，都是引人矚目的存在。

shop

GREEN BUCKER

燒杯＋仙人掌的簡易景觀生態瓶，並且以發泡煉石取代一般用土。由於發泡煉石看起來比一般用土乾淨，是非常適合使用於玻璃容器的介質。在仙人掌旁插入咖啡豆插牌，作為小小的陪襯。

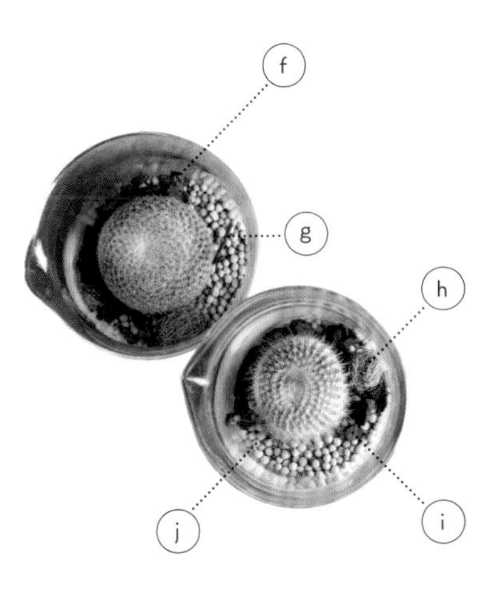

Plants

- a 白鳥（仙人掌）
- b 金晃丸（仙人掌）
- c 海王丸（仙人掌）
- d 金星（仙人掌）
- e 神龍玉（仙人掌）

Container

[size]

S　外徑6.7cm・高9cm
M　外徑7.8cm・高10.5cm
L　外徑9.2cm・高12.1cm
LL　外徑10cm・高19.5cm

Material

- f 咖啡豆插牌
- g 真皮插牌
- h 椰纖球
- i 木片
- j 發泡煉石

How to make terrarium

1. 倒入發泡煉石至容器的1／3高左右。
2. 植入仙人掌，再次加入發泡煉石固定植株。
3. 加入木片。
4. 將椰纖搓揉成球狀後放入，並插入咖啡豆插牌和真皮插牌。

Care Point

基本上發泡煉石和土壤一樣，完全乾燥再給水至全體濕潤即可。要避免澆水過度，否則易導致根部腐爛。

以大塊流木為主，組合五種外形相異的仙人掌、水晶與火山熔岩石，展現出神祕氛圍的作品。為了突顯獨具個性的素材，因此選擇植株較矮小的仙人掌，以便統合畫面。由於存在感十分強烈，似乎會成為室內空間的主角呢！

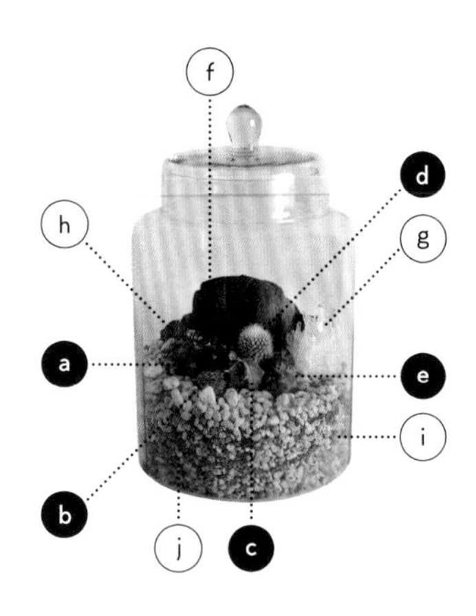

Plants

- a 緋花玉（仙人掌）
- b 錦丸（仙人掌）
- c 般若丸（仙人掌）
- d 雪晃（仙人掌）
- e 海王丸（仙人掌）

Material

- f 流木
- g 天然石（水晶）
- h 火山熔岩石
- i 仙人掌用土（輕石、珍珠石、蛭石、木質堆肥等）
- j 輕石（1～1.5cm）

Container

[size] 外徑15cm・高23cm

How to make terrarium

1. 在玻璃容器底部倒入輕石。
2. 決定好仙人掌和流木的位置後，先放入仙人掌用土後再植入仙人掌。
3. 填入輕石補滿隙縫。
4. 視整體空間加入火山熔岩石和天然石。

在最高的燒杯內，植入了扭曲伸展著細長葉片的女王頭。即使燒杯規格皆不相同，但細刨花和椰纖疊放的高度卻大約一致，只要植入高矮不同的空氣鳳梨，即可打造出和諧的套組感。

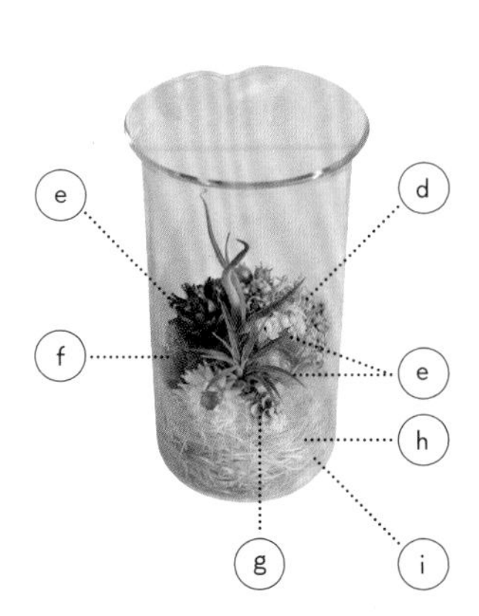

Plants

- a 女王頭（空氣鳳梨）
- b 小精靈（空氣鳳梨）
- c 貝可利（空氣鳳梨）

Container

[size]

S 外徑9.2cm・高12.1cm
M 外徑7.7cm・高15cm
L 外徑10cm・高19.5cm

Material

- d 捲線苔（白色／乾燥花）
- e 乾燥花（陽光陀螺、胡椒木、小銀菊、滿天星、米花等）
- f 永生青苔（乾燥花）
- g 樹木果實（木芙蓉果等依個人喜好搭配即可）
- h 椰纖（白色）
- i 細刨花

How to make terrarium

1. 在容器底部放入細刨花。
2. 將椰纖搓揉成球狀後放入。
3. 分別放入乾燥花、樹木果實、捲線苔和永生青苔
4. 依序植入女王頭、貝可利及小精靈。

宛如爭相比較高矮似的仙人掌們，氣氛相當熱鬧的微景觀生態瓶。前方的仙人掌較小巧，中央與後方植株則漸漸加高，呈現出作品應有的層次。火山熔岩石堆疊於後方，紫水晶放前方最搶眼之處，亦是本設計的一大特色。

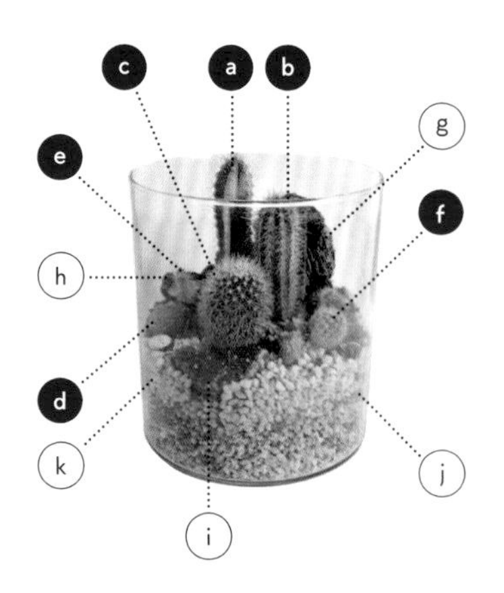

Plants

- a 飛鳥閣（仙人掌）
- b 金芒龍（仙人掌）
- c 白美人（仙人掌）
- d 武倫柱（仙人掌）
- e 金晃丸（仙人掌）
- f 玉翁（仙人掌）

Material

- g 流木
- h 火山熔岩石
- i 天然石（紫水晶）
- j 仙人掌用土（輕石、珍珠石、蛭石、木質堆肥等）
- k 輕石

Container

[size]
外徑18cm・高19cm

How to make terrarium

1. 在容器底部放入輕石。
2. 決定仙人掌與流木的位置後，倒入仙人掌用土。
3. 適度添加輕石或火山熔岩石。
4. 將天然石放在前方的醒目位置作為點綴。

利用多餘的丹寧布或皮革等可隨手取得的物品，與植物混搭組合，創作出充滿個人風格的微景觀生態瓶，亦是樂趣無窮。這個洋溢玩心的空間，光看著就令人感到開心雀躍，不妨置於玄關前，作為迎接貴賓到訪的擺飾。

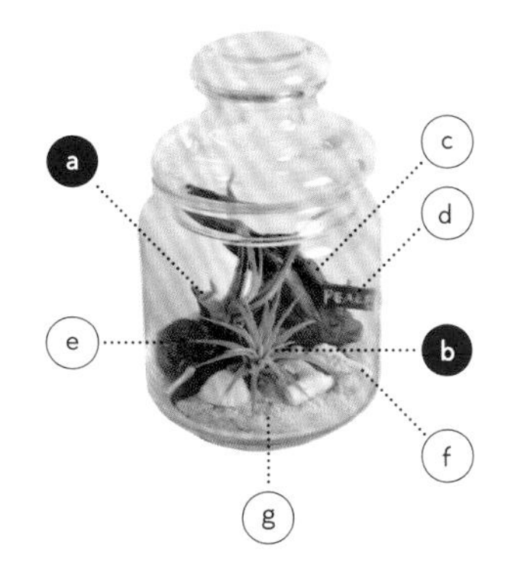

Plants

- ⓐ 女王頭（空氣鳳梨）
- ⓑ 小精靈（空氣鳳梨）

Material

- ⓒ 流木
- ⓓ 真皮插牌
- ⓔ 以鐵絲束緊的丹寧布球
- ⓕ 貝殼
- ⓖ 白砂

Container

[size] 外徑9cm・高14cm

How to make terrarium

1. 在玻璃容器底部鋪上白砂。
2. 視整體構圖一一放入流木、貝殼、以鐵絲束緊的丹寧布球、真皮插牌。
3. 最後植入空氣鳳梨女王頭和小精靈。

work 037 — 038

曲線優美的玻璃罐中，進一步利用大量的乾燥花打造華麗氛圍。刻意突顯流木和女王頭的自然曲線與高度，完成雅致的美麗構圖。嫻靜洗練的姿態，最適合置於迎賓場所了。

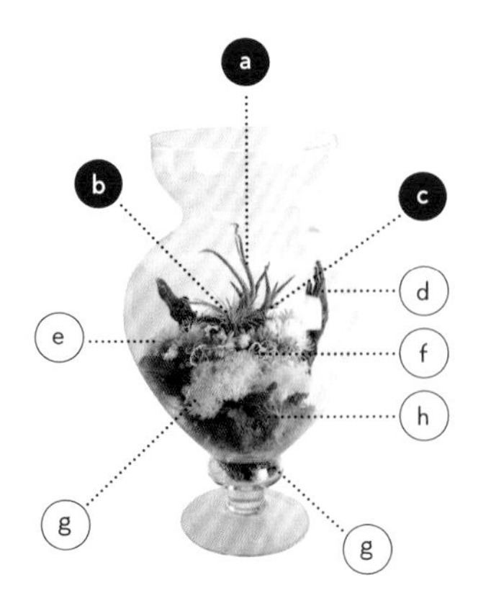

Plants

- a 女王頭（空氣鳳梨）
- b 小精靈（空氣鳳梨）
- c 貝可利（空氣鳳梨）

Container

[size]
外徑21cm・高55cm

Material

- d 枯枝流木
- e 乾燥花（小銀菊、蠟菊、銀苞菊等）
- f 捲線苔（乾燥花）
- g 永生青苔（乾燥花／白色、棕色）
- h 椰纖（棕色）

How to make terrarium

1. 在玻璃容器底部鋪上永生青苔。
2. 放入枯枝流木。
3. 如同覆蓋枯枝般，放入椰纖、乾燥花、捲線苔、永生青苔。
4. 在瓶中央植入女王頭、貝可利與小精靈。

Making Point

在大型容器中進行裝飾時，必須考量空間的協調性。以前方低矮，中央與後方配置較高的素材為準則，以取得整體視覺平衡。

GREEN BUCKER

姿態美麗的貝可利和小精靈，無論搭配什麼素材都很合適，堪稱是實力派的百搭植物。在作品中加入松果、木芙蓉等樹木果實，就能貼切表現出秋日氛圍。沉穩的茶色樹木果實與紅色系的乾燥花，更是最佳搭檔。

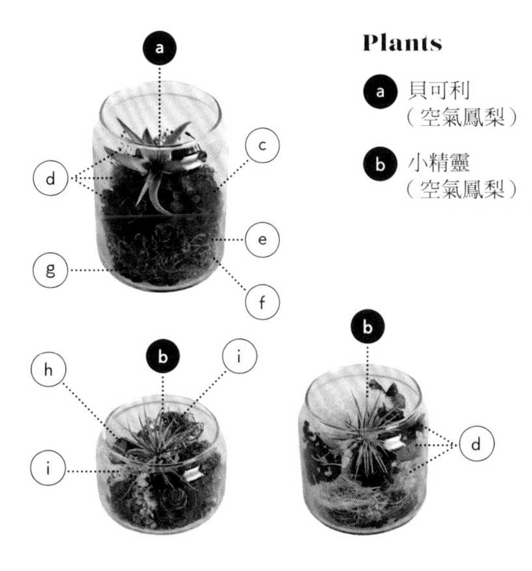

Plants

ⓐ 貝可利（空氣鳳梨）

ⓑ 小精靈（空氣鳳梨）

Material

ⓒ 樹木果實（松果、木芙蓉果、木荷果等依個人喜愛搭配）

ⓓ 乾燥花（繡球花、蠟菊、滿天星、琉璃玉薊等）

ⓔ 捲線苔（乾燥花／綠色）

ⓕ 椰纖（棕色）

ⓖ 樹皮碎片

ⓗ 短樹枝

ⓘ 捲線苔（乾燥花／白色、棕色）

Container

[size]

S　外徑9cm・高11cm

M　外徑9cm・高14cm

L　外徑9cm・高17cm

How to make terrarium

1. 在玻璃容器底部放上樹皮碎片。
2. 將椰纖搓揉成球狀後放入。
3. 視整體平衡一一放入樹木果實、乾燥花、捲線苔、樹枝等裝飾素材。
4. 分別植入貝可利與小精靈。

work

039

shop

GREEN BUCKER

將令人懷念的理化實驗室燒杯，作成可愛的室內裝飾。以白色調素材為中心進行搭配，加入色彩柔和的植物提升時尚感。清淺的色系中，亮眼的訣竅就是加上鮮豔的乾燥花凝聚焦點。

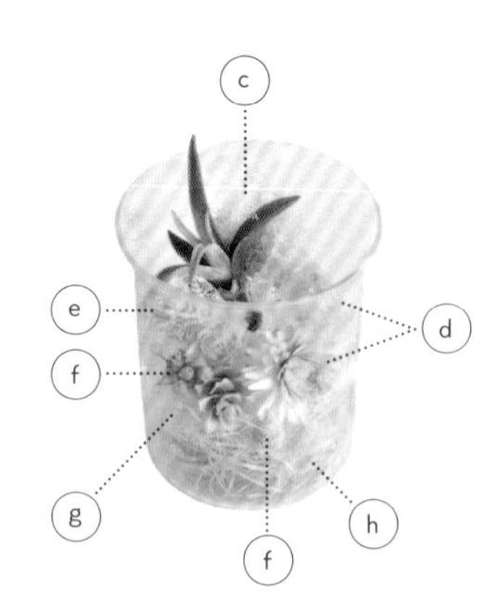

Plants

- ⓐ 貝可立（空氣鳳梨）
- ⓑ 小精靈（空氣鳳梨）

Material

- ⓒ 永生青苔（乾燥花／白色）
- ⓓ 乾燥花（繡球花、蠟菊、米花、小銀菊等）
- ⓔ 捲線苔（乾燥花／白色）
- ⓕ 樹木果實（木荷實等依個人喜愛搭配）
- ⓖ 椰纖（白色）
- ⓗ 細刨花

Container

[size]

S　外徑7cm・高11cm

M　外徑8cm・高13cm

L　外徑10cm・高14.5cm

How to make terrarium

1. 在玻璃容器底部放入細刨花。
2. 將椰纖搓揉成球狀後放入。
3. 加入永生青苔、乾燥花、捲線苔及樹木果實。
4. 分別植入貝可利、小精靈。

Column

季節素材大匯集

正因為是每天都看得到的微景觀生態瓶，所以也希望能夠在這小小的世界中，呈現一年四季的變化。
首先從垂手可得的物品著手，尋找展現四季風情所需的素材吧！

SEASONAL MATERIAL

1. 樹木果實（木荷實、水杉實）
2. 乾燥花（銀苞菊）
3. 貝殼
4. 乾燥花（French Phylica）
5. 永生青苔
6. 永生花（小銀菊）
7. 檜木片

微景觀生態瓶的材料並不限於植物、石頭或樹枝等，如果用心觀察生活周遭的事物，其實到處都是可以利用的素材。比起一成不變的觀賞，配合季節變化更換部分裝飾物，更能享受玩賞景觀生態瓶的樂趣。無論是秋天在路邊撿到的松果或橡實，還是夏天出遊時在海邊收集，帶回家洗乾淨風乾的貝殼。冬天則可選擇高雅、洗練的乾燥花，或乾脆自己使用鮮花風乾、使用乾燥劑製作。而色澤鮮豔的永生花，可以輕鬆展現春日的浪漫氣息，搭配淺色系的木片即可打造出亮眼作品。
將日常生活中拾穫匯集的素材創作成微景觀生態瓶，玩味重現眼前的美好回憶吧！

work

040 —— 041

將葉片呈直立生長的藍粉筆植入玻璃容器中，藉由密集收束的模樣，展現豐潤的生命力。在細砂表面放上白色的裝飾石，增添一抹清爽沁涼感。亦稱藍松的藍粉筆，屬於有著許多獨特葉形品種的黃菀屬植物，即使單獨種植仍顯華麗。

Plants

ⓐ 藍粉筆（多肉植物）

Material

ⓑ 石（中粒／白色）

ⓒ 砂（白色）

Container

[size] 外徑6.5cm・高14cm

How to make terrarium

1. 在玻璃容器底部倒入約3cm高的細砂。
2. 植入藍粉筆後，再次填入細砂固定植株。
3. 沿藍粉筆周圍放上石粒。

這款微景觀生態瓶在大型玻璃瓶中植入枝椏柔軟、細葉繁茂的兔腳蕨，兔腳蕨略微泛白的毛茸根莖，搭配翠綠厚實的細葉榕，以及覆在培養土上的南亞白髮蘚，彷彿是一片小小的森林。

Plants

- ⓐ 兔腳蕨（觀葉植物）
- ⓑ 細葉榕（觀葉植物）
- ⓒ 南亞白髮蘚（苔蘚）

Container

[size] 外徑14cm・高20cm

Material

- ⓓ 赤玉土（小粒）混培養土
- ⓔ 砂礫（小粒／黑色）

How to make terrarium

1. 在玻璃容器底部倒入約1cm高的砂礫。
2. 倒入約3cm高的赤玉土混培養土。
3. 植入兔腳蕨和細葉榕。
4. 在兔腳蕨下方鋪上南亞白髮蘚。
5. 在南亞白髮蘚邊緣填入混合用土。

Making Point

讓兔腳蕨的根莖匍匐於培養土的表面，展現出野生的動感。

沁涼感十足的矮文竹，配上葉形圓鼓鼓的可愛百萬心。利用大小不一的青苔打造森林般的情境，將大自然的山林之美濃縮於咫尺之間，作出療癒力絕佳的微景觀生態瓶。不妨配合植物的變化不時更換迷你模型，亦是樂趣無窮。

Plants

- a 矮文竹（觀葉植物）
- b 百萬心（多肉植物）
- c 南亞白髮蘚（苔蘚）

Material

- d 迷你模型
- e 水苔

Container

[size] 外徑10cm·高15cm

How to make terrarium

5

1. 在玻璃容器底部放入約2cm高的濕水苔。
2. 植入矮文竹，將根部舊土清除後，以水苔包裹。
3. 依步驟2的方式植入百萬心。
4. 鋪上南亞白髮蘚。
5. 事先在半圓形的木片上以強力膠黏上迷你模型，再埋入青苔間固定。

Making Point

南亞白髮蘚並非平鋪狀態，而是貼成大小不同的青苔球，營造出山林般的景色。

可以層層重疊的微景觀生態瓶，不僅能裝飾狹小之處，不時改變組合順序，玩賞其變化也是魅力之一。石蓮花和伽藍菜屬的多肉植物皆可在秋天觀賞紅葉之美，隨著季節變化，植物也有獨特的面貌呈現。

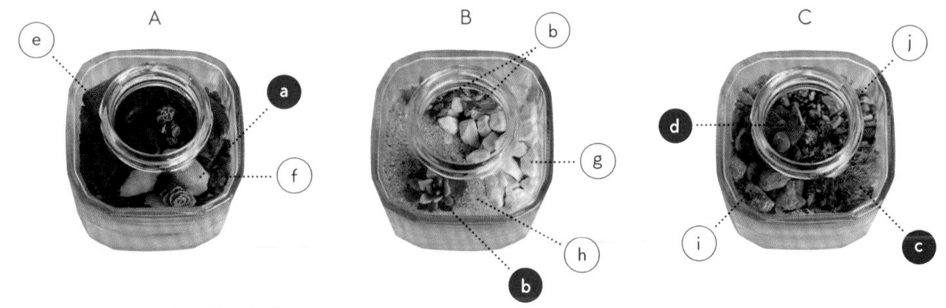

Plants

- a 擬石蓮花屬（多肉植物／品種不詳）
- b 伽藍菜屬（多肉植物／品種不詳）
- c 南亞白髮蘚（青苔）
- d 玉露（多肉植物）

Material

- e 石（中粒／黑色）
- f 砂礫（黑色）
- g 石（小粒／白色）
- h 砂（白色）
- i 石（小粒／灰色）
- j 砂礫（灰色）

Container

[size] 寬8cm·深8cm·高7cm

How to make terrarium

1. 在玻璃容器底部鋪上砂礫或細砂。
2. 植入多肉植物，周圍填入砂礫或細砂固定植株。
3. 僅作品C：鋪上南亞白髮蘚。
4. 在多肉植物旁或空餘處以小石頭點綴，讓作品看起來活潑富動感。

俯瞰時宛如星形的小鳳梨十分可愛，只是單獨植入玻璃瓶中，就能成為空間中的美麗存在。小鳳梨的葉片不但色澤豐富，有些品種還會有斑點或條紋，即使只是以化妝砂稍微修飾一下，並列數瓶就很可愛。

Plants

ⓐ 小鳳梨（觀葉植物）

Material

ⓑ 砂礫（小粒／黑色）
ⓒ 砂礫（小粒／灰色）

Container

[size] 外徑6.5cm・高14cm

How to make terrarium

1. 在玻璃容器底部加入約1cm高的砂礫。
2. 植入小鳳梨，可利用鑷子將根部埋入砂中。
3. 再填入約1cm高的砂礫。

Making Point

若植入的小鳳梨葉片太大，放入瓶中易折損，最好事先將下方的較大葉片剪去。

shop

PLANTA×STANZA

約手掌大小的微景觀生態瓶。從側面觀察時，如同美麗紋路般層次分明的石頭與砂礫正是設計特色。青鎖龍屬和長生草屬的多肉品種都是向陽性的開花植物，不妨置於窗台邊，偶爾放在手掌上觀察其生長更是樂趣無窮。

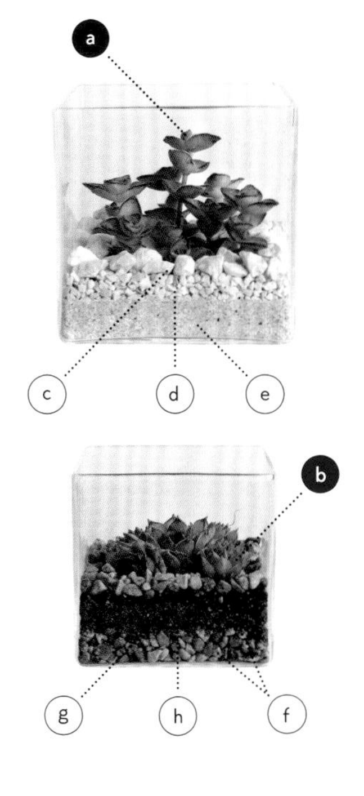

Plants

- a 青鎖龍屬（多肉植物／品種不詳）
- b 長生草屬（多肉植物／品種不詳）

Material

- c 石（中粒／白色）
- d 砂礫（小粒／白色）
- e 砂（白色）
- f 石（小粒／灰色）
- g 砂礫（小粒／黑色）
- h 土

Container

[size]

L 寬7cm・深7cm・高7cm・
S 寬6cm・深6cm・高6cm

How to make terrarium

1. 在玻璃容器底部鋪上約1cm高的砂和石。
2. 僅作品S：填入土。
3. 加入砂礫後，再植入多肉植物。
4. 順著容器邊緣加入一些白色小石粒。

Plants

- a 青鎖龍（多肉植物）
- b 青鎖龍屬（多肉植物／品種不詳）
- c 百萬心（多肉植物）

Material

- d 鹿沼土（小粒）
- e 赤玉土（小粒）

Container

[size] 外徑6.5cm・高14cm

How to make terrarium

1. 在玻璃容器底部倒入赤玉土。
2. 植入多肉植物，再填入赤玉土固定植株。
3. 填入鹿沼土。

將不同葉形的三種多肉植物組合種植。多肉植物的種類豐富，大小外形各有不同，在瓶中組合也能打造出別具特色，百看不厭的景致。豐盈有個性的多肉們密集的聚在一起，令人愛不釋手。

shop

PIANTA×STANZA

將青苔視為草原或草地，再以迷你模型為主角設計情景的微景觀生態瓶。只是添加樹枝或石頭，玻璃瓶中就會誕生一段段生動的故事。不妨同時陳列數個不同形狀的玻璃瓶，編寫一個屬於自己的故事吧！

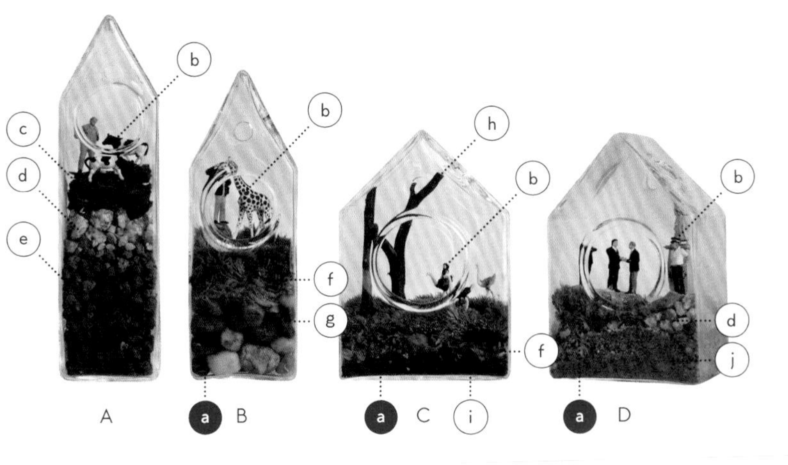

Plants

a 南亞白髮蘚（苔蘚）

Material

b 迷你模型
c 樹皮碎片
d 砂礫（混合）
e 赤玉土（中粒）
f 水苔
g 石（中粒／混合）
h 樹枝
i 砂礫（小粒／黑色）
j 砂

Container

[size] A 寬7cm・深7cm・高7cm
B 寬6cm・深6cm・高6cm
C、D 寬6cm・深6cm・高6cm

How to make terrarium

A以外：

1. 分別將砂、砂礫、石頭層次分明的倒入容器中。
2. 僅作品B、C：加入水苔。
3. 鋪上南亞白髮蘚。
4. 以強力膠黏貼迷你模型與石頭或樹枝。
5. 要將迷你模型立在青苔上面時，是先用鐵絲綁緊模型的腳。
6. 再將鐵絲插入青苔加以固定。

A：

1. 分別將赤玉土、砂礫、樹皮碎片層次分明的倒入容器中。
2. 迷你模型以強力膠固定在樹皮碎片上。

work
048 —— 049

圓滾滾的軟木塞瓶中，是化身草原林木的多肉植物，與自在漫步的迷你模型牛隻；以及布置得如同水底景色，彷彿漂蕩水草般的多肉植物。活用瓶身的形狀，放大正中央的空間，將多肉植物種植於左右兩側，便能輕鬆完成生動風景畫般的生態瓶。

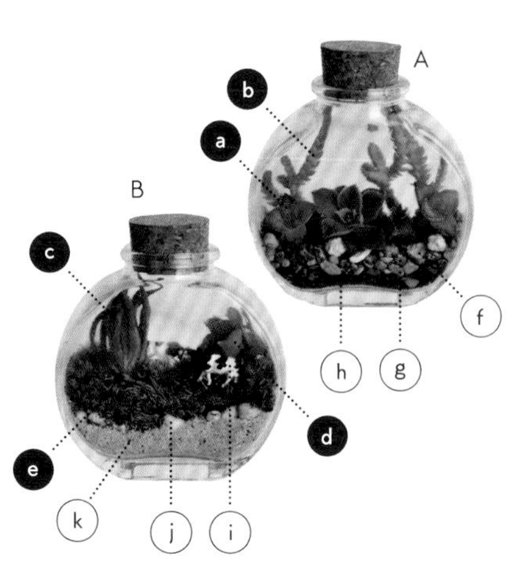

Plants

- a 蓮花掌屬（多肉植物／品種不詳）
- b 青鎖龍（多肉植物）
- c 黃菀屬（多肉植物／品種不詳）
- d 百萬心（多肉植物）
- e 南亞白髮蘚（苔蘚）

Container

[size] 外徑7cm・高7cm

Material

- f 石（中粒／混合）
- g 砂礫（小粒／灰色）
- h 砂（黑色）
- i 迷你模型
- j 砂礫（中粒／白色）
- k 砂（白色）

How to make terrarium

A：

1. 在玻璃容器中倒入砂。
2. 接著倒入砂礫，再植入蓮花掌屬多肉和青鎖龍。
3. 在多肉植物周圍及空隙處加一些石頭。

B：

1. 在玻璃容器中倒入砂。
2. 接著倒入砂礫，再植入黃菀屬多肉和百萬心。
3. 鋪上沾濕的南亞白髮蘚。
4. 以金屬線固定迷你模型。（→P.55）

PIANTA×STANZA

將空氣鳳梨置於碎石或鵝卵石上，並且搭配一段流木，呈現出沙漠或海岸的情境。若是再加上赤玉土或培養土，就會更貼近自然生態。在粗獷的流木枯枝上、下配置空氣鳳梨，則可以打造一個三角概念的平衡空間。

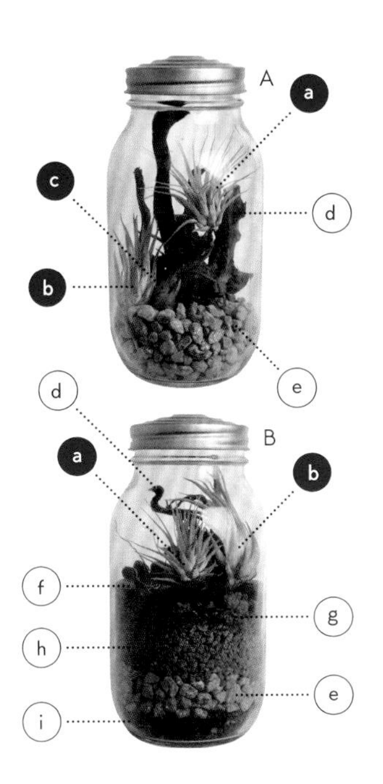

Plants

- a 小精靈（空氣鳳梨）
- b 卡比他他（空氣鳳梨）
- c 小章魚（空氣鳳梨）

Material

- d 流木
- e 石（小粒／灰色）
- f 鵝卵石（中粒／黑色）
- g 赤玉土（小粒）
- h 培養土
- i 砂礫（小粒／黑色）

Container

[size] 外徑8.5cm・高19cm

How to make terrarium

A：

1. 在玻璃容器中放入約5cm高的小石粒。
2. 流木稍微埋入石中固定。
3. 將空氣鳳梨放在流木下或置於枝椏間。

B：

1. 在玻璃容器中倒入約1cm高的砂礫。
2. 依序放入各2cm左右的石頭和培養土。
3. 倒入約1cm高的赤玉土，再放上鵝卵石。
4. 流木稍微埋入石中固定。
5. 將空氣鳳梨植於流木下方。

與圓形玻璃器皿合為一體的青苔球，不管從哪個角度觀賞都顯得飽滿可愛。為了讓青苔球呈現花朵綻放般的姿態，特地植入蓮花掌，增添一抹華麗感的同時，也洋溢著嬌俏可人的氣息。無論是掛在廚房吧檯，或垂吊於天花板，可隨意吊掛不挑空間的百搭魅力，正是此作品的特色。

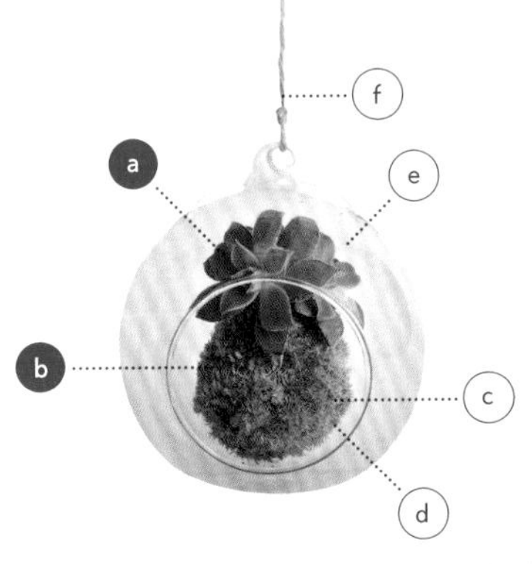

Plants

a 蓮花掌屬（多肉植物／品種不詳）

b 南亞白髮蘚（苔蘚）

Material

c 水苔　e 釣魚線

d 棉線　f 麻繩

Container

[size] 外徑10cm

How to make terrarium

1

3

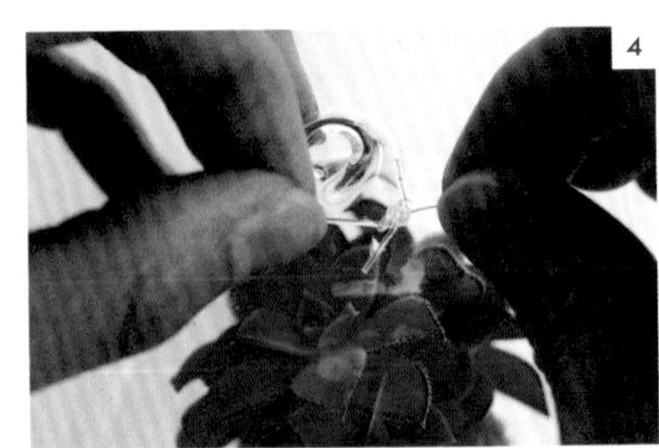
4

1. 將蓮花掌多肉根系上的舊土清除，以水苔包裹。
2. 將水苔以棉線（鐵絲亦可）捆綁成球狀。
3. 以南亞白髮蘚包裹球狀水苔，再用棉線綁成青苔球。
4. 釣魚線從青苔球中央垂直穿過，接著穿入玻璃瓶上的兩個洞孔，再將釣魚線綁在中央的孔洞固定。
5. 在容器上方繫上麻繩，預留適當的長度作為掛繩。

Care Point

由於容器與青苔球已結合固定，偶爾可以直接將整個青苔球浸入水中，直到水分完全滲透青苔球內部。平常只要在表面噴水即可。

shop

PIANTA×STANZA

利用青鎖龍屬多肉和迷你模型的小鴨子來表現一片綠油油的河濱景象，後方則是藉由青苔、小樹枝和松蘿打造出小小森林的風貌。在河濱和森林的境界放上柵欄和迷你人物模型，讓情境更鮮明。青鎖龍屬的多肉植物，推薦挑選春天會綻放粉紅色小花的「愛星」等。

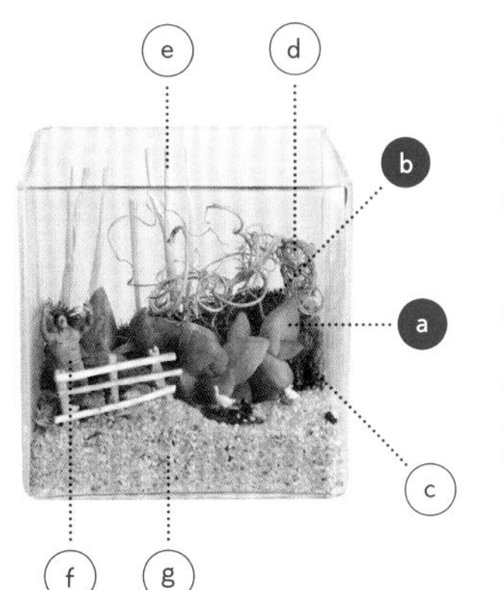

Plants

- ⓐ 青鎖龍屬（多肉植物／品種不詳）
- ⓑ 南亞白髮蘚（苔蘚）

Container

[size]
寬6cm・深6cm・高5cm

Material

- ⓒ 水苔
- ⓓ 松蘿（乾燥花）
- ⓔ 小樹枝
- ⓕ 迷你模型
- ⓖ 砂（白色）

How to make terrarium

1. 在玻璃容器中倒入白砂。
2. 植入青鎖龍屬多肉植物。
3. 再加入一些白砂確實固定植株。
4. 鋪上沾濕的南亞白髮蘚。
5. 依序加入水苔、小樹枝、松蘿。為了避免水苔膨漲浮起，可以利用鑷子將水苔壓實在一角，小樹枝也確實插在砂中。
6. 迷你模型的腳綁上鐵絲，插進砂中固定（→P.55）。小鴨子可事先黏在台座上，再擺在砂上。

Column

發揮創意融入作品中

使用玻璃容器和植物組合創作的微景觀生態瓶，隨著人們的創意，可以打造出千變萬化的可能性。
舉例來說，若是注重設計與機能性的考量，不妨參考以下作品發揮巧思。

•IDEA•

綠演舍推出的品牌PIANTA×STANZA，主旨是結合觀葉植物與室內擺飾，藉以創造出新型態價值的企劃活動。企劃商品之一就是torch，以酒精燈為概念的獨特造型，作為室內裝飾格外有存在感。底座裡藏著LED小夜燈，點燈時，宛如燭光搖曳的油燈般令人百看不厭。不好照顧的青苔球也下了一番工夫，燈芯般從青苔球內部延伸而出的棉繩，藉由毛細現象連結下方的瓶中水，供給苔球水分，形成無需時常澆水也能確保植物正常生長的機制。不僅外觀充滿了趣味性，還有優異的機能性設計，因而廣受好評。像這樣，不必囿限於裝飾性自由自在地發想，以天馬行空的玩心來挑戰創作吧！

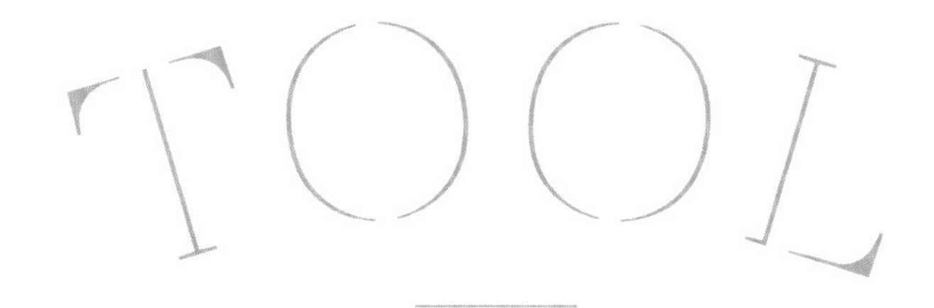

基本工具

以下皆是創作微景觀生態瓶時必備的便利工具。
想要製作微景觀生態瓶之前，先準備好鑷子、漏斗、筆刷等工具吧！

①
花土鏟
盛裝少量砂土倒入花盆時使用。適用種植多肉植物時的大口徑容器。請盡量選購多種尺寸一組的商品。

②
漏斗
於口徑較窄的容器填加介質時使用。以廢棄的L夾自行製作，即可隨意調節口徑大小。

③
噴霧器
用於空氣鳳梨或青苔澆水，挑選噴嘴細長的款式，方便深入容器內作業。

④
長管嘴澆水瓶
多肉或仙人掌等，只需針對植物某部分進行澆水時使用。長長的管嘴可以直接插入容器內作業，十分方便。

⑤
剪刀
裁剪青苔大小、修剪植物莖葉或維護植株外形時使用。水族箱用的不鏽鋼水草剪刀，形狀細長，方便作業。

⑥
鑷子
夾取素材放入容器內，或調整構圖配置時使用。請配合容器瓶口的口徑、高度或深度，選購適合的款式。

⑦
筆刷
容器上的灰塵、泥土、沾在植物上的汙垢等，都可以利用筆刷清理乾淨。請配合用途選購，一般而言，細小的款式較利於作業。

MATERIAL

基本材料

微景觀生態瓶使用的材料，基本上分為培養植物生長必要的介質，以及美化作品的裝飾素材。
請配合植物的屬性作出最佳選擇吧！

種植用介質

① 樹皮碎片

將樹皮切成碎片狀的介質。本書利用易含水分的特性，主要用於組合青苔的作品。

② 多肉用土

適合栽培多肉植物或仙人掌的栽培用土。一般市售商品多為混合赤玉土、鹿沼土、樹皮堆肥、輕石等介質為主。

③ 砂

圖為阿根廷產的河砂（拉布拉他河砂），因通氣性佳，排水良好，非常適合栽培多肉植物、仙人掌。視產地而定，顏色和種類繁多。

④ 杉樹皮

將杉樹皮碾成細碎狀的介質。彈性佳，保水性好，適用於栽培青苔，可以依個人喜好酌量摻入樹皮碎片中。

⑤ 水草育成用土

通稱黑土，原本多用於水族造景的水草栽培育成，不但含有豐富營養成分，同時也可以吸收水中的雜質，很適合作為培養青苔的介質。

⑥ 根腐防止劑（珪酸鹽白土）

以天然礦石為主要原料，可以有效抑制爛根現象。已證實可以有效改善植物根系的環境。通氣性佳、保水佳、排水良好，十分適合作為微景觀生態瓶的栽培介質。

裝飾素材

① 捲線苔

將苔草乾燥後製作而成的材料，細長的捲曲狀為其特色。色調以綠色或白色居多。

② 馴鹿苔

北歐原產的青苔乾燥後的材料。看上去一球一球的，可以直接使用作為裝飾，也可以活用優異的保水功能，與青苔組合創作。

③ 木片

將木材切成細小的木片，有著多樣化的顏色和香氣，可以配合自己想營造的氣氛選用。

④ 珊瑚砂

將珊瑚碾碎成細粒狀，搭配空氣鳳梨可營造夏日的沁涼感。

⑤ 流木

曾在海中或河裡漂流的樹木枝幹，因樹木種類不同，其色澤和形狀也不一樣，可配合整體氛圍挑選。

⑥ 造景石

有著各式各樣的顏色和形狀，通常園藝店、水族專賣店都會銷售這類裝飾用的石頭。想要表現自然風貌時的絕佳選擇。

⑦ 軟木

軟木橡樹之類的樹皮，具有獨特的韻味，與植物組合可展現時尚風格。

⑧ 青苔樹枝

青苔附著其上的樹枝。市售商品多半用於盆栽創作，與青苔組合成微景觀生態瓶，即成為逸趣橫生的作品。

其他搭配組合的材料

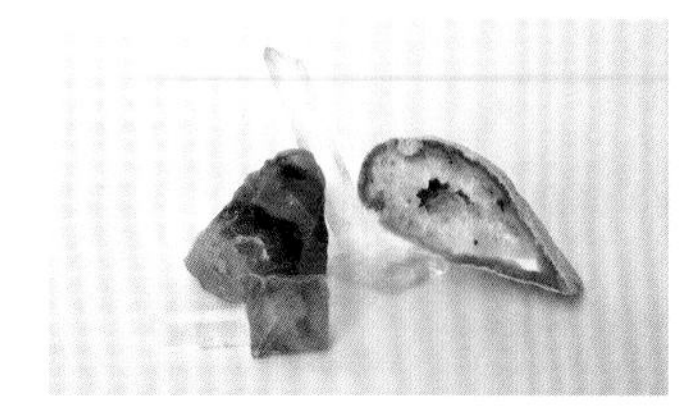

天然石

天然的礦物或岩石。種類繁多，從無色透明的水晶到紫色或綠色的種類都有，還有形成獨特雲霧紋的礦石。

珊瑚・貝殼・樹木果實

利用貝殼或樹木果實，營造季節感的氛圍，珊瑚與貝殼、砂一同組合，即可打造出夏日風情。

迷你模型

一般常見的模型，利用樹脂製造的小小人偶，可使用強力膠或熱融膠將模型固定在石頭或樹枝上。

TERRARIUM

生態瓶的基本作法&技巧

本單元將介紹以空氣鳳梨、青苔、多肉植物和仙人掌製作景觀生態瓶的方法&技巧。
掌握微景觀生態瓶的作業流程，成為創作達人吧！

微景觀生態瓶的製作技巧 1.

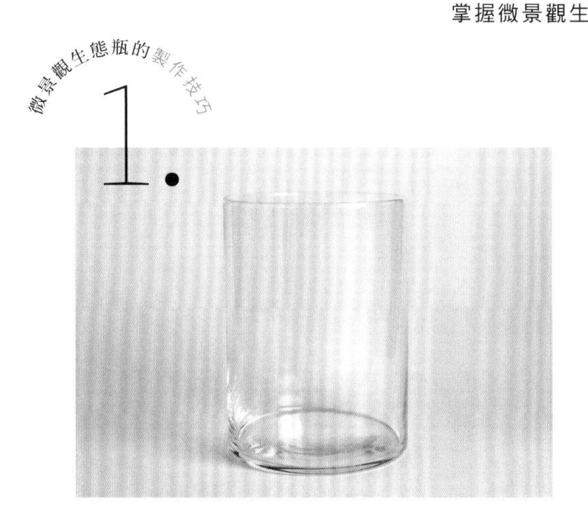

清潔玻璃容器

為了保持作品美觀，如果容器上有污垢就NG了。在放入素材前，請以濕布徹底擦乾淨。

微景觀生態瓶的製作技巧 2.

從大型素材開始配置

基本上都是從大型素材開始依序放入容器。植株也是從較高或較大者開始配置，並且視整體平衡適時調整。

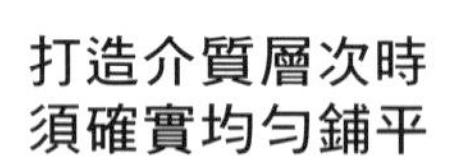

微景觀生態瓶的製作技巧 3.

打造介質層次時須確實均勻鋪平

想要使土壤、砂和砂礫等介質呈現層次分明的效果，並且避免鋪成斜坡狀的方法，就是確實鋪平一層再進行下一層。

微景觀生態瓶的製作技巧 4.

製作各個角度皆能玩賞的景致

作業時，可以一邊從容器的各種角度觀察，一邊配置素材。不時從容器上方俯瞰，甚至斜著觀看，盡情讓植物展現不同風貌。

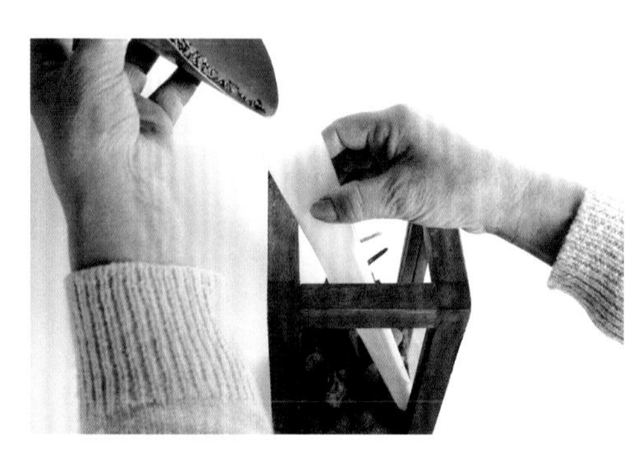

微景觀生態瓶的製作技巧 5.

在植株周圍進行微調

配置纖細或小型植物時，須小心避免植株傾倒。填土時，使用細窄口的漏斗一點點少量放入，避免碰撞到植物。

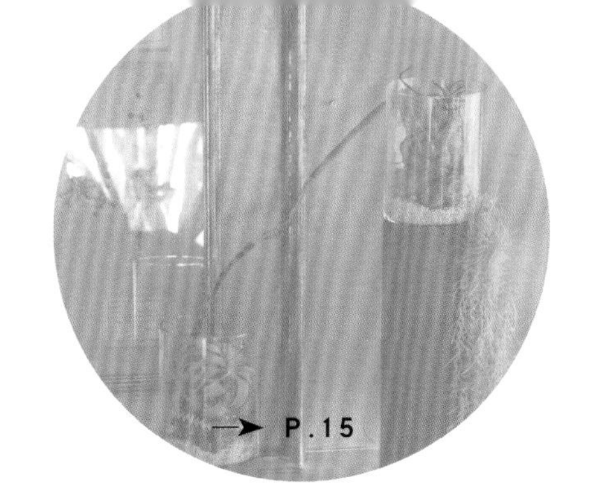

空氣鳳梨生態瓶作法

— Air Plants —

不需介質，創作上可搭配自如的空氣鳳梨。為了方便澆水作業，最好將植株配置在容易取出的位置。

準備材料（→P.15）。購入的松蘿可以連同綑綁整束的鐵絲一併使用。

以花土鏟盛裝珊瑚砂，倒入容器中。由於石塊（黃虎石）具有高度，因此要注意珊瑚砂不可過量。

將石塊放入容器正中央，從大塊石頭開始配置，下方再加一塊小石。

宛如自岩縫中生長般，使用鑷子依序將小章魚、虎斑、小狐尾，蘿莉置於氣孔中。

在雞毛撢子的根部纏上鐵絲，兩端預留長度如圖示。

將步驟5的鐵絲穿入綁束松蘿的鐵絲圈，將兩者固定在一起。

將松蘿植株上的鐵絲，直接掛在容器邊緣。

放上玻璃瓶壓住步驟7，但是要避免壓到雞毛撢子。

另一款作品同樣放入珊瑚砂，然後依序加入斑克木和霸王鳳。

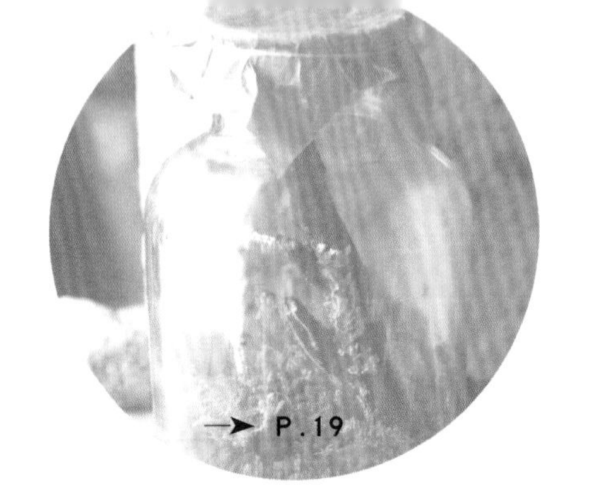

青苔生態瓶作法

— Moss —

青苔微景觀生態瓶，須製作出容易維持高濕的環境，同時為了讓樹皮碎片的層次清晰，要盡量將木片朝邊緣推去。

1 準備材料（→P.19）。如果太早從密封容器中取出青苔，會導致乾枯，最好在進行作業前才取出備用。

2 以花土鏟倒入根腐防止劑直到鋪滿容器底部，平整後再覆上樹皮碎片，為了讓樹皮碎片的層次分明，盡量將木片以手推向外圍。

3 以漏斗填加水草育成用土，為了避免破壞樹皮碎片的層次，盡量將水草育成用土填在容器中央。

4 視整體空間，一一放入石頭和流木。

5 依序植入疏葉卷柏、膜葉卷柏、鳳尾蘚、砂蘚和南亞白髮蘚。

6 使用鑷子輔助作業，將青苔的根塞進水草育成用土中。

7 將一小張廚房紙巾沾濕，以鑷子夾著將玻璃容器上的污垢擦拭乾淨。

8 作業完成後，內部整體以噴水壺噴溼，安定移植的植物們。

9 在容器瓶口覆蓋一張蠟紙，以麻繩綁好固定。植入青苔的生態瓶，請盡量維持密閉空間的狀況。

→ P.10

多肉植物&仙人掌生態瓶作法

— Succulent Plants · Cactus —

栽培多肉植物和仙人掌的容器須選擇通氣性佳，口徑大者，並且要將根系充分埋入介質中。

1
準備材料（→P.10）。多肉植物的生長期會因種類不同而有所差異，請選購生長模式相似的品種。

2
以花土鏟倒入根腐防止劑直到鋪滿容器底部，並且整平。

3
以花土鏟填入多肉用土，之後視素材高度來調節土量。

4
在容器正中央放入石塊（黃虎石）。

5
以鑷子輔助，在石頭後方植入葫蘆科棉花棒。

6
石頭前方，以鑷子植入生石花和長生草，由於植株矮小，請注意別被埋沒了。

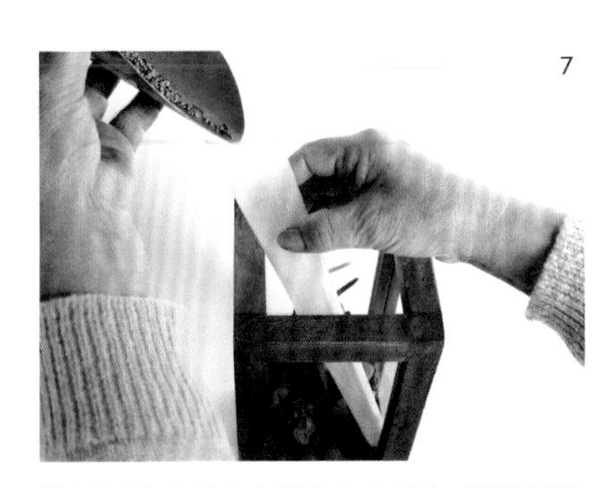
7
使用漏斗少量多次倒入多肉用土，填補植株間隙或覆蓋根部。

8
可以利用鑷子戳刺土壤，加強多肉用土的密實度。

9
小型容器裡同樣倒入根腐防止劑和多肉用土後，配置石頭、奇異果藤、Sansevieria humbertiana和白斜子。

生態瓶常用植物&栽培法

N°001 | AIR PLANTS | 空氣鳳梨

空氣鳳梨又稱氣生鳳梨、空氣草，屬於鳳梨科鐵蘭屬的植物，具有可從葉片表面或莖部吸收空氣中水分的特徵，因此生長時不需要土壤。空氣鳳梨擁有吸水細胞的構造為毛狀體，當空氣乾燥時，毛狀體便會豎起來吸收水分。據說，空氣鳳梨的品種多達600種以上，大致上分為銀葉種和綠葉種，銀葉種的葉和莖上都有毛狀體。綠葉種的毛狀體較少，相對地也比較不耐乾旱。

{ example }

雞毛撣子

在眾多空氣鳳梨中仍廣受歡迎的種類。柔細毛狀體覆蓋的葉片看起來閃閃發光。製作生態瓶時，令人不禁想要置於顯眼之處，作為主角。

女王頭

上半葉片強而有力的扭曲，下半部卻圓鼓鼓的女王頭令人印象深刻。只要輕輕放在生態瓶裡，就能呈現生動有趣的氛圍。

貝姬

強而有力的葉片呈放射狀展開，存在感十分強烈的貝姬。品種強健，容易種植且從根部叢生，可輕鬆取得新的子株，外觀的變化令人期待。

容器

選擇具有開口且通氣性良好的容器。由於不挑放置的場所，因此不僅可隨意垂吊在個人喜愛之處，也能設計成從心愛容器竄出般的構圖，這也正是空氣鳳梨最迷人的地方。

放置場所

只要是室內照不到直射陽光的地方，基本上任何地方都OK！
但太過陰涼之處會造成濕氣過重，請避免置於這類地方。此外，也要注意避免容器內的溫度驟然升高。

澆水

每週一至二次，將空氣鳳梨取出進行全面噴水。冬季時間，每週一次即可。空氣鳳梨澆水時，請務必從容器中取出植株在外面作業，澆完水稍微風乾後，再將植株放入容器內。若是沒風乾就將植株放回容器，容易悶濕發霉或導致葉傷。

日常照護

當植株看起來毫無生氣時，可將營養劑倒入水中稀釋，再以噴霧器噴灑在葉面上。空氣鳳梨較不耐寒，冬天時須注意溫度的管理。

N°002 MOSS 青苔

青苔常附著於老樹、濕地、岩石上生長，不耐乾燥，喜歡潮濕的場所。日本原生的苔蘚類多達2000種以上，苔蘚類植物既不會開花，也不會結果，而是靠飄散的孢子繁殖。一旦過於乾燥，表面會變得乾巴巴，感覺似乎已枯死的模樣，但其實生命力非常頑強，澆水後不久便會恢復元氣，呈現一片青翠。大灰蘚或南亞白髮蘚通常可以在園藝店或大型居家修繕購物中心購得，是比較容易入手的青苔植物。

example

南亞白髮蘚

在日本又稱山苔、饅頭苔或細葉翁苔，蓬鬆厚實的外型和柔軟的葉片是其特色。較耐乾燥，適合初學者入門栽培。

大傘苔

葉形如撐開的傘面，乍看之下又像一朵小花，可愛迷人的模樣使得人氣一直居高不下。可以使用口徑較窄的容器栽培。

刺邊小金髮蘚

這是庭園中常見的金髮蘚之一，直立向上的莖是一大特徵。利用具有縱深的容器栽培，可充分玩賞苔蘚生長的樂趣。

容器

選擇可以完全密閉的附蓋玻璃容器為宜，瓶口狹窄比較容易保持內部的濕度。也可以用蠟紙包覆取代蓋子，同樣可達到保濕效果。

澆水

若是密封容器，約三至四天察覺葉片表面變乾即可噴水。但是假如與多肉植物、仙人掌一起種植，要注意避免澆水過多。

放置場所

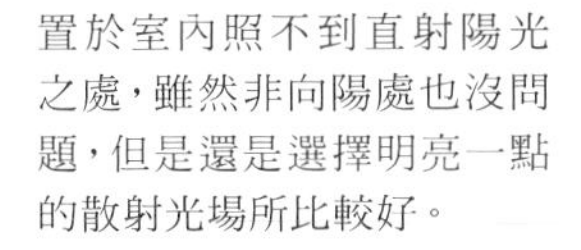

置於室內照不到直射陽光之處，雖然非向陽處也沒問題，但是還是選擇明亮一點的散射光場所比較好。

日常照護

發現部分葉片變成茶色時，使用剪刀修剪一下枯葉部分即可，日後會在萌發新芽。

N°003 SUCCULENT PLANTS 多肉植物

多肉植物多半莖葉厚實，是水分含量極多的植物。原產地以沙漠、海岸等乾燥地區或熱帶為主，喜歡濕度低的乾燥環境。豐厚水嫩的外形看起來格外討喜，因而人氣高漲。使用數個多肉種類作成組合盆栽亦十分賞心悅目。品種非常多，依生長時期不同可分為夏季型、冬季型及春秋型。

製作組合盆栽時，請選擇生長期一致的品種較容易照顧。雖然需要視種類和生長時期不同斟酌調整，但是基本上一至二年要進行一次換盆作業。

example

十二卷屬

多肉植物的十二卷屬裡，有許多具有尖硬的葉片或半透明葉窗的品種，圖中的品種即是有著半透明葉窗的玉露，葉片的模樣極獨特，因此特地設計成能夠全面展現植株的配置。

黃菀屬（千里光屬）

所屬品種具有各式各樣不可思議形狀的葉片。圖中的植物為藍粉筆，略微泛白的厚實葉片，細長伸展的姿態極其美麗。

蓮花掌屬

植株的莖會直立向上生長，為蓮花掌屬的一大特色，與苔球一起作成組合植栽，更加突顯了猶如花瓣般惹人愛憐的葉片。

容器

請選擇開口大，通氣性佳的容器。只要栽培環境良好，植物就會成長茁壯，因此最好選擇空間有餘的大型容器。

澆水

多肉植物原本就是在缺乏水分的環境下生長，因此要注意避免澆水過量。配合生長時期，每週約澆水一至二次，可利用具有長管嘴的澆水瓶，直接在植株根部澆水。生長期以外的季節，約二週澆一次水就OK了。萬一容器內有積水，可能會發生爛根現象，須盡快處理乾燥。

放置場所

放在室內自然光明亮，通風良好的地方，盡量避免置於直射陽光下。冬季型的品種不耐高溫多濕的環境，要注意避免容器內太過悶熱。

日常照護

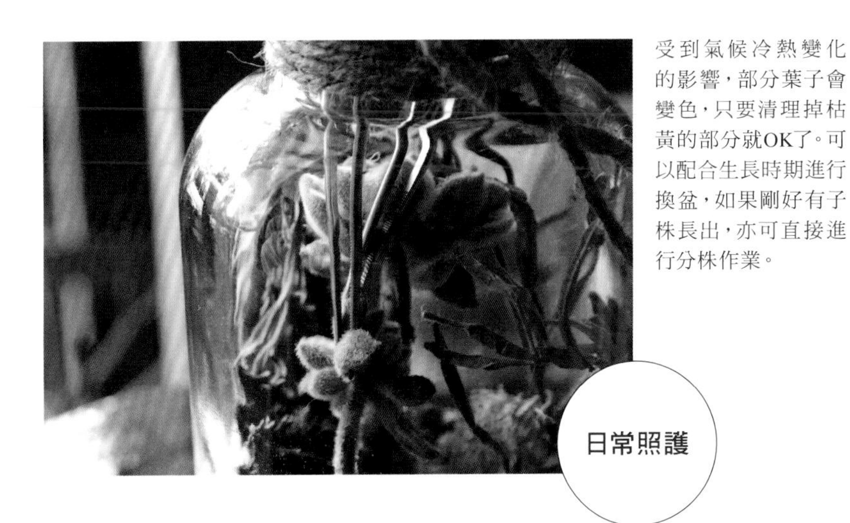

受到氣候冷熱變化的影響，部分葉子會變色，只要清理掉枯黃的部分就OK了。可以配合生長時期進行換盆，如果剛好有子株長出，亦可直接進行分株作業。

N°004 CACTUS 仙人掌

仙人掌是仙人掌科植物的總稱，也算是多肉植物的一類。以分類的方法來看，據說多達2000種以上。不但耐熱，也不太需要澆水的仙人掌，是非常適合初學者入門的植物。仙人掌和多肉植物的差別，在於中央刺基底稱為刺座的部分，且生有輻射刺。雖然仙人掌也有無刺的品種，但不管哪一種都有所謂的刺座。仙人掌的刺十分銳利，徒手碰觸可能會受傷，種植時請盡量使用筷子或鑷子輔助作業。

容器

基本上和多肉植物一樣選擇大口徑、通氣性佳的容器。若是具有瓶蓋的款式，要不時打開，以利透氣。

放置場所

避免置於陽光直射，但是要室內日照佳、通風良好處。梅雨季節時，更是要特別注意，避免容器內殘留過多濕氣。

澆水

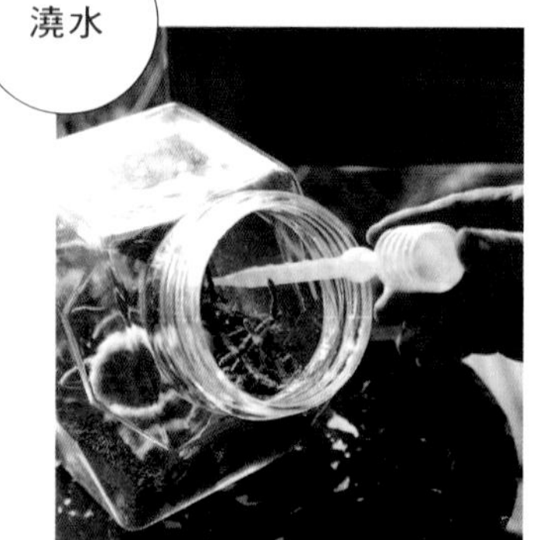

栽培介質乾燥後，再進行澆水，約一至二週澆一次水即可。利用滴管或長管嘴澆水瓶，直接在植株根基處澆水即可。

N°005 OTHERS 其他

可以和空氣鳳梨、青苔、多肉植物等搭配組合的觀葉植物，其實也非常適合用於創作微景觀生態瓶。視種類不同，觀葉植物的栽培方式和特性也不一樣，但基本上都適合初學者栽種，而且有很多品種原本就偏向室內觀賞。本書介紹了附生於樹木或潮濕環境下的蕨類植物與青苔的組合，以及單用色彩豔麗如同花朵的小鳳梨為主角。在此建議可挑選園藝店或居家修繕中心常見的觀葉植物一起組合，打造不同風情的作品。

example

小鳳梨

宛如海星般，呈星形展開的葉片正是小鳳梨的特徵。部分小鳳梨色調鮮豔，往往可以從眾多素材中跳脫出來，成為作品主角。

兔腳蕨

深裂的羽狀複葉向上伸長，底部則有著毛絨絨走莖的兔腳蕨。雖然屬於附生植物，但仍然可以種植於排水良好的濕潤介質中，可與青苔組合栽培。

鈕扣藤

纖細茂盛的蔓藤上小葉密生，恣意伸展的挺立身形令人印象深刻。是足以扮演主角的華麗角色。

微景觀生態瓶Q&A

針對微景觀生態瓶的常見問題一一回答，以提供各位感到困惑時的參考。

微景觀生態瓶的壽命大約幾年？

A

視植物的種類不同而定，但通常可以維持一至二年左右。只要沒有病蟲害或枯死的情況，應該玩賞更久也沒問題。若是因為植物成長造成景觀走樣，只要進行修剪或分株換盆，重新整理即可。此外，選擇的容器或放置場所的不同，也會影響其壽命，請為植物打造一個適合生長的環境。

推薦初學者的入門植物是？

A

初次創作微景觀生態瓶時、不需要使用栽培介質的空氣鳳梨比較容易處理，應該是首選吧！無須刻意挑選組合的素材，而且能夠融入任何設計風格。種類很多，可以配合想要的設計選擇適合的品種。基本上每週只要澆水一至二次即可，照顧起來十分輕鬆也是人氣不衰的一大因素。

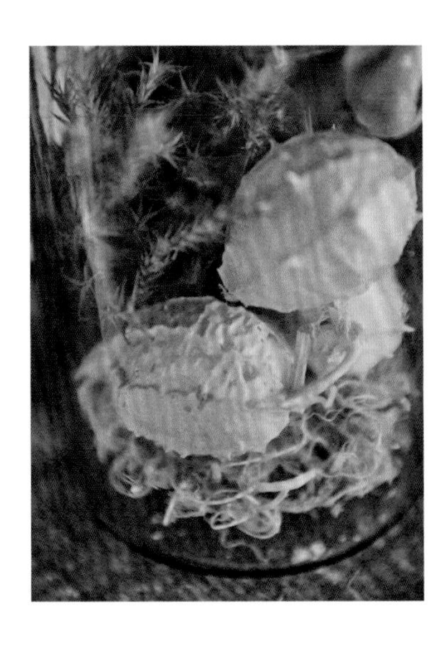

玻璃容器的購買場所？

A

通常一般的園藝店或居家用品專賣店，就會有許多適合微景觀生態的玻璃容器。無論是方便觀賞生態植物的多面體玻璃容器，還是便利的垂吊款式都有。特地尋找專用容器當然OK，但是也可以活用身邊常見的玻璃花瓶或密封罐等物品，輕鬆創作微景觀生態瓶。

若是植物生病了該怎麼辦？

A

如果發現植物有哪裡不對勁時，請仔細觀察找出癥結。天氣的冷熱變化，可能會導致葉子枯萎或部分出現葉傷。發生這類生理現象時，只要修剪枯葉即可。如果是葉和莖變色或腐爛，請確認根部的狀態，再修剪清除變黑的部分。

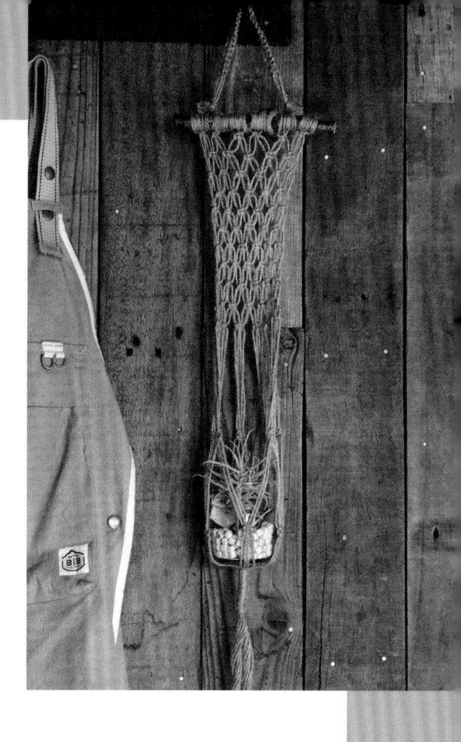

Q

微景觀生態瓶
可以放在室外嗎？

A

微景觀生態瓶基本上都是置於室內，而且最好避免放置於陽光直射之處。視植物品種不同，像窗邊之類日照太過強烈的地方，也可能會影響植物的生長。空氣鳳梨、多肉植物和仙人掌只要置於通風良好的日陰處，即使放在室外也OK。但夏天時容器內容易悶熱，還是放在室內比較安全。

Q

青苔可以
自行採集嗎？

A

本書使用的青苔，多半是日本原生品種，的確可以自行採集。然而，是否可以採集的種類和場所請事先確認好，以避免發生糾紛。即使是公共場所，有些仍禁止採集或私自帶回家。自行採集時，可以利用小木鏟或小鐵鏟輔助，輕輕剝下青苔，放入餐盒等保存容器內帶回。

Q

適合微景觀生態瓶的
素材為何？

A

想要呈現大自然的氛圍時，不妨以漂流木、岩石、砂等天然素材為中心搭配組合。若想增添一些變化，亦可利用英文報紙等作為設計元素，打造時尚風格。也可以配合季節變遷，在夏天加入貝殼或珊瑚，冬天加入樹木果實或棉花等裝飾。放入迷你模型更可享受描繪故事情節般的樂趣。

Q

想當作禮物
送人時？

A

微景觀生態瓶作為紀念日或一般賀禮，都是十分受歡迎的人氣商品。植物則是以空氣鳳梨、青苔為主，盡量選擇容易栽培的種類，尤其是小精靈這類的開花品種最討喜。送禮前別忘了加以包裝，無論是放入禮盒，或裝入透明的包裝袋再打上緞帶，都是很推薦的包裝方式。

PLANTS DATA

植物圖鑑集

Air Plants / Moss / Succulent Plants・Cactus / Others

介紹本書刊載作品中使用的植物，或推薦微景觀生態瓶適用的植物，
希望能提供作為各位選購植物時的參考。

【雞毛撢子】

學名 Tillandsia tectorum
鳳梨科鐵蘭屬

細長葉片呈放射狀展開，酷似雞毛撢子的外觀為其特徵。葉片表面有一層銀白色的鱗毛，稱為毛狀體（吸水細胞），有利於吸收空氣中的水分。小型品種尺寸約15cm，大型品種則可生長至60cm左右。澆水重點為春夏期間每週噴灑霧水二至三次，冬季則每週澆一次水即可。

【女王頭】

學名 Tillandsia caput-medusae
鳳梨科鐵蘭屬

女王頭品種名的由來，正是形似希臘神話怪物蛇髮女妖的捲曲蛇髮而得名。誠如其由來，最大的特徵，就是從壺形下方開始捲曲成長的葉片，屬於銀葉種，表面覆有一層銀白色的毛狀體。平均每週充分噴灑霧水二至三次，待植株基部確實風乾後再放回容器內。

【小精靈】

學名 Tillandsia ionantha
鳳梨科鐵蘭屬

鐵蘭屬的銀葉種中，小精靈可說是主力品種之一。拉丁文的意思是「紫羅蘭色」，開花時會從植株中央伸出細長的花莖，綻放鮮豔的紫色花朵。開花期間，葉子會呈現泛紅或變黃的狀態，十分賞心悅目。品種從小型至大型之外，還有很多變種。平均每週充分噴灑霧水一至二次，風乾後再放回容器內。

【小狐尾】

學名 Tillandsia funckiana
鳳梨科鐵蘭屬

鐵蘭屬銀葉種的代表性品種，從植株延伸而出的主莖上，長著細長如針的葉片，間或長出子株叢生。乍看之下很像硬挺的松葉，碰觸時的手感卻是柔軟的。植株成長至10cm左右，就會綻開朱紅色的花朵。平均每週噴灑霧水二次。小狐尾較不耐寒，冬天時需注意保持10度以上的溫度管理。

【福果小精靈】

學名 Tillandsia ionantha Fuego
鳳梨科鐵蘭屬

開花時，葉片會轉變為鮮亮色澤的銀葉種小精靈。Fuego在西班牙文中是「火山」或「炎」的意思，由於開花前整體葉片會宛如染色般呈現亮麗的大紅色，因而成為此品種的命名由來。圖為叢生植株，一旦長出側芽，連同子株一併開花時會更加漂亮。平均每週充分噴灑霧水一至二次。

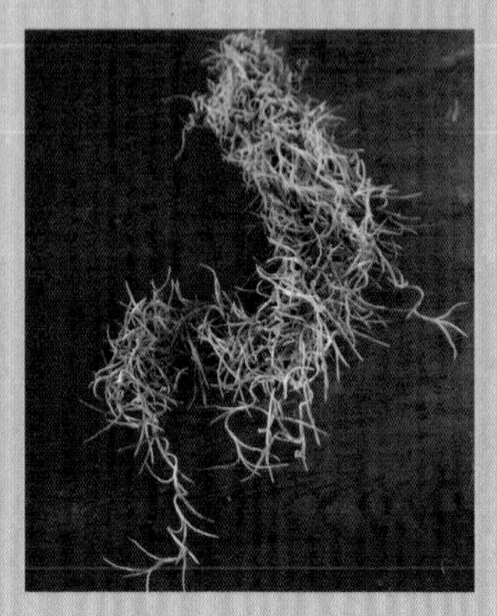

【松蘿鳳梨】

學名 Tillandsia usneoides
鳳梨科鐵蘭屬

外觀酷似捲髮般長長垂落的松蘿鳳梨，正如其外表，屬於銀葉種。原產地的野生松蘿多是攀附於樹木上垂懸生長，因此居家栽培主要也是以垂吊方式管理。通常植株生長至30～50cm左右時會綻開小花。平均每週對植株整體噴灑霧水二至三次，再放在通風良好處風乾即可。

【大狐尾】

學名 Tillandsia heteromorpha

鳳梨科鐵蘭屬

銀葉種的稀有品種，神似小狐尾，但大狐尾的特徵是葉子較長，且向外展開。生長健全的植株主莖會不斷延伸，同時在側邊萌發子株，形成叢生。花期較短，粉紅色的花苞和紫色的花朵形成極美的漸層。平均每週噴灑霧水一至二次。

【粗糠 - Major】

學名 Tillandsia paleacea 'Major'

鳳梨科鐵蘭屬

銀葉種中比較稀有的種類。伸長的主莖上長著姿態扭曲又厚實的葉。葉上覆著密密麻麻的毛狀體，整體看起來有點泛白。生長健全的植株主莖會一邊延伸，一邊萌發分枝狀的子株，甚至能夠形成大型的叢生。澆水方面，平均每週噴灑霧水一至二次。

【砂蘚】

學名 Racomitrium japonicum

紫萼蘚科砂蘚屬

小小的星形葉密密叢生，外形十分具有識別性的砂蘚。在青苔植物中，屬於非常耐乾旱的品種，即使在向陽處一樣茁壯生長，因此分布範圍遍及日本各地。雖然是直立向上生長，但頂多只有3至5cm。表面乾燥時再澆水，約二週噴灑霧水一次。

【刺邊小金髮蘚】

學名 Pogonatum cirratum

土馬騣科小金髮蘚屬

西日本原生的金髮蘚近似種，莖直立，細葉密生的模樣如同杉樹，因此在日本又稱為杉苔。會從莖長出細長的蒴柄，從前端的孢蒴散播孢子，藉以繁殖。澆水方面平均每週噴灑霧水一次。不耐乾燥，請盡量種植於密閉濕潤的環境中，注意調節室溫，避免容器內過於悶濕。

【鳳尾蘚】

學名 Fissidens japonicus Doz. et Molk.

鳳尾蘚科鳳尾蘚屬

品種名的由來，是因為長莖上的葉片向左右兩側展開，看起來宛如鳳凰的長尾羽。主要生長在山間或水邊的岩石陰涼處，甚至也可以生長在水中，因此也作為水草造景之用，在水族專賣店也有流通販賣。須時常噴灑霧水保持濕潤，避免表面乾燥。

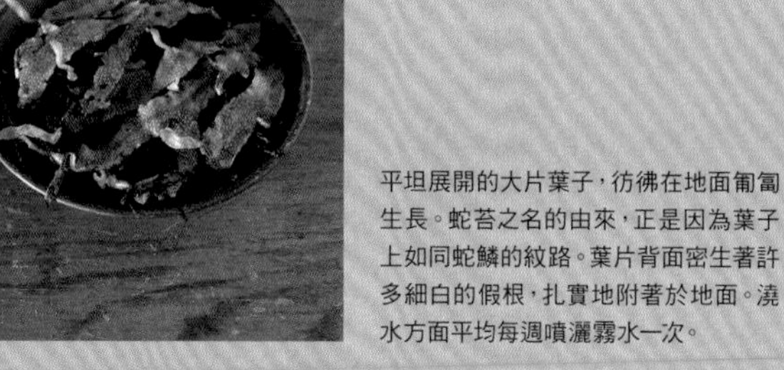

【蛇苔】

學名 Conocephalum conicum

蛇苔科蛇苔屬

平坦展開的大片葉子，彷彿在地面匍匐生長。蛇苔之名的由來，正是因為葉子上如同蛇鱗的紋路。葉片背面密生著許多細白的假根，扎實地附著於地面。澆水方面平均每週噴灑霧水一次。

【大傘苔】

學名 Rhodobryum giganteum

真蘚科大葉蘚屬

大傘苔的名稱，來自於像是撐開的傘面般大大綻放的簇生葉，在青苔植物中算是大型品種。水嫩的翠綠色葉片，在濕氣的籠罩下顯得閃閃發光，具有足以代表日本青苔的美麗。擁有較長的地下莖，種植時須格外注意避免損傷。通常約二週噴灑霧水一次。

【南亞白髮蘚】

學名 Leucobryum juniperoideum

白髮苔科白髮苔屬

園藝店或居家修繕中心最常見的代表性青苔。一般市面上通稱山苔的種類，有南亞白髮蘚及包氏白髮蘚兩種。在青苔植物中算是耐乾燥的品種，非常適合用於製作盆栽和青苔球。因組合的青苔品種不同，最好還是置於密閉容器中栽培管理。澆水方面平均每兩週進行一次噴灑霧水作業。

【鋪地錦竹草】

學名 Callisia repens
鴨拓草科錦竹草屬

春秋型
中南美原產的多肉品種，又稱翠玲瓏或垂枝露草。小葉像薔薇一樣重瓣，紅葉期間葉片會轉紅。平均每二週澆水一次，稍微保持一點乾燥的狀態為宜。植株會不斷朝四周生長，容器太小時必須進行換盆。

【筒葉花月】

學名 Crassula portulacea f. monstrosa
景天科青鎖龍屬

春秋型
綠色的棒狀葉閃著油亮的光澤，細長的葉端略微泛紅下凹。下方的葉片會隨著成長逐漸凋落，變得像樹幹的莖則是硬質又粗糙，看起來如同不可思議的樹木，因此在日本別稱宇宙之木。平均每二週澆水一次，介質表面乾燥後再澆水即可。冬天須減少澆水次數。

【七福神綴化】

學名 Echeveria secunda
景天科擬石蓮花屬

春秋型
綴化是一種常見的畸形變異現象，由於頂端的生長錐異常增生，而這些小的生長點多呈線狀分布，於是莖葉就長成扁平的扇形，成為稀有的畸形種。秋天到翌春期間葉片會泛紅，春夏期間綻開小花。生長期間每週澆一次水，休眠期則兩週澆一次水。

【紫勳玉】

學名 Lithops lesliei
番杏科生石花屬

冬型
兩片肥厚葉子相連的形態，顯得別致可愛，屬於生石花的一種。秋天開花，冬天到翌春期間會脫皮。若脫皮期間中澆太多水，易導致新芽脫皮，故須控制水量。換盆時可進行分株。介質乾燥後再澆水為主，平均每二週澆水一次。

【玉露】

學名 Haworthia obtusa
阿福花科十二卷屬

春秋型
圓鼓鼓的葉片是最明顯的特徵，在光線照射下呈透明或半透明狀，在日本稱為雫石。請置於室內光線良好的場所，但是要避免陽光直射。日照不良時，植株會因日照不足而徒長（莖快速抽長）。一般是介質乾燥後再澆水為主，平均一週澆水一次。冬天視情況減少澆水量。

【玉露 - Pilifera】

學名 Haworthia pilifera
阿福花科十二卷屬

春秋型
在品種豐富的十二之卷中，這款Pilifera的特徵是葉片表面會長出細長的茸毛。根基子株叢生，可以直接分株或是以葉插法繁殖（摘下葉片插入土中）。一般是介質乾燥後再澆水為主，平均每二週澆水一次。冬天視情況減少澆水量。

【星美人】

學名 Pachyphytum oviferum
阿福花科十二卷屬

春秋型
圓滾滾的厚實葉片，如同撲上一層白粉般的美麗身形。在向上生長的過程中，有時主莖會無法負荷葉片的重量，需要剪去頂芽，促使側芽生長，培養出低矮的植株。秋天葉片會轉化為淡淡的粉紅色。一般是介質乾燥後再澆水為主，平均每二週澆水一次。

【月兔耳】

學名 Kalanchoe tomentosa
景天科伽藍菜屬

春秋型
在葉形變化豐富的伽藍菜屬中，月兔耳的葉子仍然顯得格外有型，毛茸茸的長葉片像極了兔子的耳朵。橢圓形的葉片尖端成鋸齒狀，葉緣有褐色斑點。是多肉植物中喜愛陽光的品種，但仍須避免陽光直射。一般是介質乾燥後再澆水為主，平均每二週澆水一次，冬天須盡量減少水量。

【鶴之子】

學名 Mammillaria martinezii

仙人掌科銀毛球屬

表面布滿了密集的白刺，圓胖的輪廓令人印象深刻。會從底部長出子株，冬天則會綻開粉紅色小花。喜愛日照佳的場所，白天可置於窗邊充分接受日照。平均每兩週澆水一次，夏季須注意避免容器內過於悶熱。

【魁偉玉】

學名 Euphorbia horrida

大戟科大戟屬

春夏型

雖然表面刺多顯眼，但並非仙人掌，而是屬於多肉植物。「horrida」在拉丁文中是布滿刺的意思，亦指剛毛。這些外表看起來像刺的部分，其實是花謝後的花柄，即使花謝了，但花柄還在。春夏生長期間待介質乾燥後再澆水，冬天須盡量控制水量。

【蛾角】

學名 Huernia brevirostris

蘿藦科星鐘花屬

細細的棒狀直立莖有著明顯的稜脊，稜上長著尖刺。通常呈明亮的鮮綠色，但冬季會轉變為紫紅色。夏天會在根基處綻開黃色的星形花。夏季需置於通風良好的場所，平均一個月澆水三次。

【桃太郎】

學名 Echinocereus pentalophus cv.momotarou

仙人掌科鹿角掌屬

以仙人掌中的無刺品種交配而成的交配種。群生的肥厚莖上長著刺座，看起來略為泛白。春天會在莖的上方開出花蕾，綻開大朵的粉紅、紅色花朵。須注意容器的通氣性，夏季置於通風良好處。平均一個月澆水三次。

【紫太陽】

學名 Echinocereus rigidissimus

仙人掌科鹿角掌屬

整株成圓筒形，特徵是接近頭頂部有一圈鼓起變圓，並且呈紫紅色。在歐美暱稱為「彩虹仙人掌」。初春時，無論母株或子株都會綻放大朵的粉紅色花。基本上置於日照佳的場所，平均一個月澆水三次。冬天稍微減少澆水次數。

【恐龍丸】

學名 Gymnocalycium horridispinum

仙人掌科裸萼球屬

種名的意思為「恐怖的刺」，尖銳的長刺從刺座長出，向四方張牙舞爪的外表十分凶猛，因而在日本被稱為「恐龍丸」。與充滿攻擊性的名稱不同，在頭頂綻放的大型粉紅色花朵，是同種中也評價極高的豔麗花朵。平均隔二至三週澆水一次，冬天須控制澆水。

【疏葉卷柏】

學名 Selaginella remotifolia

卷柏科卷柏屬

雖然植物名稱冠上「柏」字，但其實屬於常綠蕨類植物。叢生於日陰處或岩陰下的濕潤環境，生長環境類似青苔。長長的莖上兩側互生米粒般的小葉，匍匐於地面生長。澆水方面和青苔差不多，平均每二週噴灑霧水一次。

【Brassii - Little John】

學名 Lycopodium Brassii Little John

石松科石松屬

生長在熱帶雨林或高濕地域的蕨類植物。莖葉扭曲的姿態相當獨特。和青苔一樣喜愛濕氣重的生長環境，十分適合作成微景觀生態瓶。平均隔二至三週噴灑霧水一次，冬天須減少澆水次數。

作品製作・編輯協力

◎勝地末子
景觀設計師。運用各種植物和乾燥花組合創作、布置陳設，同時也投入庭園與店面的展示企劃。開設組合盆栽、花藝設計等課程。著有《グリーン、多肉植物、エアプランツアレンジBOOK。》（X-Knowledge）、《はじめての多肉植物ライフ》（誠文堂新光社）等多本書籍。

Shop Information

Buriki no Zyoro
業務範圍從個人住宅到商業店面、婚禮等空間設計企劃、施工、維護保養等。
東京都目黑區自由之丘 3-6-15　10：00-19：00（全年無休）
HP　http://www.buriki.jp/

◎Tida Flower（Tomoko Suzuki）
花店經營者，花藝設計師。匯集「花與綠與日本美好之物」等各種手工藝品的TOKOY FANTASTIC OMOTESANDO經營者。曾在花店工作過，之後以「連繫之輪」為主題開始設計花圈，以使用可燃的自然素材為理念製作作品。並且與玻璃創作家合作，開設從玻璃器皿開始製作的微景觀植栽組合課程，以及依時節舉辦的各種體驗活動。

Shop Information

TOKYO FANTASTIC OMOTESANDO
（TOKOY FANTASTIC表參道）
業務內容包含店面裝飾、婚禮籌劃、大型植物花藝作品等，接受訂製。
東京都港區南青山 3-16-6　12：00-19：00（週三公休）
HP　https://tokyofantastic.jp/
Instagram　@tidaflower_official

◎木原和人
綠植創作家。以「本質的療癒」為主題，創立了綠植創作品牌GREEN BUCKER。從事微景觀生態瓶、植物組合盆栽的製作、販賣與體驗課程的營運，以及空間綠化的景觀設計、創作，空間規劃等。使用廢棄的皮革、零碼布等素材作為裝飾，創作出獨一無二的原創作品。

Shop Information

株式會社JOY RIDE（綠植創作品牌GREEN BUCKER的經營）
營業內容包含園藝資材的批發零售，植物作品的製作、販賣，體驗活動的營運，空間規劃等。
HP　https://www.greenbucker.com/
Facebook　https://www.facebook.com/green.bucker/

◎大山雄也
室內綠化設計品牌PIANTA×STANZA產品經理，設計總監。株式會社綠演舍社長。庭園設計的服務項目從獨棟住宅的庭園，到大型商業大樓的空中庭園，乃至於各種空間的綠化開發運用。為生活增添色彩的室內綠化項目，則是從發想企劃至辦公，商業空間的整體綠化設計皆有。

Shop Information

PIANTA×STANZA
植生牆、室內綠化相關的原創商品開發、販賣、施工，空間規劃等。
東京都中央區新川 1-9-3　リグナテラス東京1F
11：00-20：00（週四公休）
HP　https://pianta-stanza.jp/
※本書刊載作品包含PIANTA×STANZA員工製作物。

作品製作協力（work018、020、024、025、028的容器製作）

Glass＆Art MOMO
彩色玻璃、熔合玻璃訂製作品的製作、玻璃工藝體驗課程等，
同時也參與TOKOY FANTASTIC OMOTESANDO企劃的原創玻璃容器製作。
購買處 TOKOY FANTASTIC OMOTESANDO
HP　http://momo-glass.main.jp/

攝影協力（work029～041攝影場地協力）

米屋咖啡 はちぼく
種植兼販賣當地的減農藥特別栽培米。店內提供咖啡、簡餐，以及手工皮革和陶器等商品。
埼玉縣北葛飾郡松伏町田中1-10-40
11：00-15：00（週二、三、四營業）
Facebook　https://www.facebook.com/hatiboku/

｜自然綠生活｜ 25

玻璃瓶中的植物星球

以苔蘚・空氣鳳梨・多肉・觀葉植物打造微景觀生態花園

授　　權／BOUTIQUE-SHA ◎編著
譯　　者／連淑宜・編輯部
發 行 人／詹慶和
總 編 輯／蔡麗玲
執行編輯／蔡毓玲
編　　輯／劉蕙寧・黃璟安・陳姿伶・李宛真・陳昕儀
執行美編／周盈汝
美術編輯／陳麗娜・韓欣恬
出 版 者／噴泉文化館
發 行 者／悅智文化事業有限公司
郵政劃撥帳號／19452608
戶　　名／悅智文化事業有限公司
地　　址／220 新北市板橋區板新路 206 號 3 樓
電子信箱／elegant.books@msa.hinet.net
電　　話／(02)8952-4078
傳　　真／(02)8952-4084

2018 年 09 月　初版一刷　定價 380 元

Boutique Mook No.1354
OSHARE NA SHOKUBUTSUEN TERRARIUM

經銷／易可數位行銷股份有限公司
地址／新北市新店區寶橋路 235 巷 6 弄 3 號 5 樓
電話／（02）8911-0825
傳真／（02）8911-0801

國家圖書館出版品預行編目 (CIP) 資料

玻璃瓶中的植物星球：以苔蘚．空氣鳳梨．多肉．觀葉植物打造微景觀生態花園 / BOUTIQUE-SHA 編著；連淑宜譯．-- 初版．-- 新北市：噴泉文化館出版：悅智文化館發行，2018.09
　面；　公分．--（自然綠生活；25）
譯自：おしゃれな植物園テラリウム
ISBN 978-986-96472-7-4(平裝)

1. 園藝學 2. 栽培

435.11　　　107014526

日文版 STAFF

編輯統籌　丸山亮平
編輯・製作　株式會社 童夢
攝影　宮濱祐美子 寺岡みゆき
美術總監　江原レン（mashroom design）
設計　前田友紀　堀川あゆみ（mashroom design）
執筆協力　強矢あゆみ　逹 弥生
校正　有限會社玄冬書林

TERRARIUM

TERRARIUM

TERRARIUM